高等学校计算机专业系列教材

ASP.NET MVC 程序开发实战

申丽芳 李莹 田林琳 主编

任斌 韩志敏 高晶 吴迪 郭志帅 肖勇 副主编

U0252847

清华大学出版社
北 京

内 容 简 介

本书以 ASP.NET 中的 ASP.NET MVC 5 为主,使用的开发环境为 Visual Studio 2019,首先介绍 MVC 的基本概念及 ASP.NET MVC 的发展历程;然后从 Model 的概念入手介绍 ASP.NET MVC 常用 的数据连接方式——Entity Framework 开发技术和 Linq 使用方法,并逐一深入讲解 Controller、View、 数据验证、路由和辅助方法等内容;最后介绍微软在 One ASP.NET 里的服务(Service),即 ASP.NET Web API,供 .NET 开发人员在开发 Web API 的 Web Service 时有一个新选择。

本书的栏目设计为:章节导读—章节要点—基础知识—项目实施,有目的、有规划、有准备、有实施 具体方法,结合行业需求和专业特色,选择适合学生的项目教学,案例贯穿始终,让读者做中学、学中做。

本书适合有一定 .NET 开发基础,熟悉 C♯编程语言的读者使用,也可作为对 MVC 设计模式感兴 趣人员的参考书。

图书在版编目(CIP)数据

ASP.NET MVC 程序开发实战/申丽芳,李莹,田林琳主编. —北京:清华大学出版社,2021.10 (2023.1重印)

高等学校计算机专业系列教材

ISBN 978-7-302-58770-5

Ⅰ.①A… Ⅱ.①申… ②李… ③田… Ⅲ.①网页制作工具-程序设计-高等学校-教材 Ⅳ.①TP393.092.2

中国版本图书馆 CIP 数据核字(2021)第 143962 号

责任编辑:郭 赛 常建丽
封面设计:何凤霞
责任校对:焦丽丽
责任印制:朱雨萌

出版发行:清华大学出版社
   网 址:http://www.tup.com.cn,http://www.wqbook.com
   地 址:北京清华大学学研大厦 A 座   邮 编:100084
   社 总 机:010-83470000   邮 购:010-62786544
   投稿与读者服务:010-62776969,c-service@tup.tsinghua.edu.cn
   质量反馈:010-62772015,zhiliang@tup.tsinghua.edu.cn
   课件下载:http://www.tup.com.cn,010-83470236
印 装 者:三河市龙大印装有限公司
经 销:全国新华书店
开 本:185mm×260mm   印 张:16   字 数:369 千字
版 次:2021 年 11 月第 1 版   印 次:2023 年 1 月第 2 次印刷
定 价:49.00 元

产品编号:093359-01

前言

ASP.NET Web Forms 是最早的 ASP.NET 编程模式，是整合了 HTML、服务器控件和服务器代码的事件驱动网页。对 HTML、JavaScript 毫无经验的开发者也能写出 Ajax 网页，过于便捷自由的开发模式易让初学者不知不觉在前后端穿插商业逻辑与 SQL 查询，导致逻辑散乱却又紧密关联，维护与测试难度大增。对照 Java Spring Framework、Ruby on Rail、CakePHP 等架构，运用 MVC 设计模式已经成为网站开发主流；常陷于逻辑混杂泥沼的 ASP.NET Web Forms 网站有时会给人留下欠缺严谨性，难以构建中大型系统的非专业印象。

2009 年，微软公司推出 ASP.NET MVC 1.0，自此.NET 开发者有了新选择。根据 MVC 架构，开发人员能按直觉切割出 HTML/JavaScript 等 UI 端逻辑（View）、数据逻辑（Model）及流程衔接逻辑（Controller），无形中实践了 MVC 最重要的关注点分离精神。ASP.NET MVC 在设计时大量应用依赖注入（DI）、AOP 等设计模式，处处预留扩展与改写弹性，使架构易于调整，足以面对各种艰巨挑战。网站能结合单元测试，相比 Web Forms 也是一大突破。转眼间，ASP.NET MVC 已开发到第 5 版，架构转向 OWIN 开放标准并摆脱对 IIS 的依赖，开发者可自由切换网站平台、身份认证或是处理管道的任一程序包，可塑性几乎没有限制。它提供了高生产率的编程模型，结合 ASP.NET 的全部优势，促成更整洁的代码架构、测试驱动开发和强大的可扩展性。

本书涵盖 ASP.NET MVC 5 的开发优势技术，使用 Entity Framework 技术操作数据库，并包含模型、控制器、视图、辅助方法、数据注解、路由及 Web API 等内容，详细讲解了 ASP.NET MVC 的基本知识和使用方法。

本书除详细讲解的 ASP.NET MVC 5 开发的基础知识外，每一章节中的内容讲解后都精心设计了示例程序、案例和项目实践，由浅入深，循序渐进地引导初学者掌握每个知识点，项目实践从始至终围绕"图书销售系统"展开，从系统分析、数据库建模、项目创建开发，直至发布部署，力求让读者轻松理解并快速掌握，亲身体验完成整个项目过程，提高读者实践操作的能力。

本书由申丽芳、李莹、田林琳担任主编，参与本书编写工作的还有企业教师任斌、韩志敏、高晶、吴迪、郭志帅、肖勇，在此对他们表示衷心的感谢。

本书的编写借鉴了许多现行教材的宝贵经验,在此谨向这些作者表示诚挚的感谢。由于时间仓促,加之编者水平有限,书中难免有错误或不足之处,敬请广大读者批评指正。

编　者

2021 年 5 月

目录

第 1 章

概　　述

本章导读：

MVC 是开发时所使用的一种设计模式，目的在于简化软件开发的复杂度，以一种概念简单却又权责分明的方式贯穿整个软件开发流程，通过软件的业务逻辑、数据与界面显示相分离，让这三部分的信息切割开来，用以撰写出更模块化、可维护性高的程序代码。

ASP.NET MVC 是微软公司的一款 Web 开发框架，整合了"模型-视图-控制器"架构的高效与整洁、敏捷开发最现代的思想与技术，以及当前 ASP.NET 平台最好的部分。ASP.NET MVC 是传统 ASP.NET Web Forms 的一个完美的替代品。除了一些简单的 Web 开发项目之外，在各种 Web 开发项目中，它都具有明显的优势。本章将介绍微软公司当初为什么创建 ASP.NET MVC，与其之前版本和替代品的比较，最后概述 ASP.NET MVC 5 的新特性，以及本书的主要内容。

本章要点：

本章将简明扼要地介绍 ASP.NET MVC，以及它与 Web Forms 开发的区别，并总结它们各自的特点，解释 ASP.NET MVC 5 如何适应 ASP.NET MVC 的发布历程，总结 ASP.NET MVC 5 的新特性，以及 MVC 设计模式与三层架构之间的关系。

1.1　MVC 架构概述

MVC 成为计算机科学领域重要的构建模式已有多年历史，它既不是程序设计语言，也不是框架，而是一种设计模式。MVC 模式最早由 Trygve Reenskaug 在 1974 年提出，是 Xerox PARC 实验室在 20 世纪 80 年代为 SmallTalk 2 程序设计语言发明的一种软件设计模式，它最初被命名为事物-模型-视图-编辑器（Thing-Model-View-Editor），后来简化成模型-视图-控制器（Model-View-Controller），将应用程序架构切分为 Model、View、Controller 三部分，可以让开发者分割出不同方面的应用程序，并且在这些分割出来的应用程序中提供了松散的关联。

使用 MVC 设计模式开发具有以下 3 个优点。

1. 关注点分离

关注点分离（Separation of Concern，soc）是 AOP（Aspect-Oriented Programming，面向侧面编程）。面向侧面的程序设计或面向方面的程序设计是对面向对象程序设计的改进和扩展，也是 ASP.NET MVC 开发中很重要的一个原则，简单的解释就是"只注意需要注意的"。这是处理复杂逻辑的一种原则，因为将太多关注点凑在一起时，势必造成复杂度大幅增加,处理复杂逻辑时若能将关注点分离开各个击破,相对来说会比全部一起处理要容易得多。

假设要制作一个会员留言板,开发人员要同时注意资料存取、前端接口和权限验证这三个关注点,如果将数据访问与权限验证的功能封装起来,在开发会员留言板时,就只关注留言板的特殊逻辑,一次只需要关注一件事,这就是关注点分离的好处。当一件事被细分为各个单元后,各个单元的复杂度就相对降低,复杂度降低后问题就更容易理解,理解后当然就更容易开发了。

虽然关注点的显式分离在一定程度上增加了应用程序设计的复杂性,但总体来说,MVC 带来的益处超过它带来的弊端。自从引入 MVC 体系结构以来,MVC 已经在数十种框架中得到应用,在 Java 和 C++ 语言中,在 Mac OS 和 Windows 操作系统中,以及在很多架构内部都用到 MVC。

在 ASP.NET MVC 中这些切割是强制性的,默认就切割了 Model、View、Controller 三部分,使得开发人员不得不将应用程序至少切割为 M-V-C 三层,这里说"至少"的原因是,在 MVC 架构下这三层是必需的,但根据项目的需求与实际情况还可以再增加,比如,实现 Service 层或 Repository 层都是开发人员可以自行扩展的,ASP.NET MVC 在实现架构时留了许多的扩展点(Extensible Points),大幅提高了开发时的灵活度。同时,一次只需要关注一部分,质量与速度自然可以提升,因为已经被切分为多个单元,所以程序的可维护性也大幅提高。可维护性高的各个程序单元执行单元测试更容易,更能有效提高程序质量。

2. 约定优于配置

ASP.NET MVC 适用于多人开发,但是,当一个项目有多人参与后,每个人的开发习惯、命名规则,甚至思考逻辑都不同,为了避免这些差异,开发团队会制定一些规范让参与的开发人员遵守,避免负责开发的人员离开后,没有人愿意接手该项目,或是发生无法衔接的状况。为了降低这些状况发生的概率,ASP.NET MVC 中使用了约定优于配置的软件设计原则来规范这种约定。

约定优于配置(Convention over Configuration)的概念简单来说,就是利用约定(Convention)取代复杂的配置(Configuration),比如说:Controller 的文件名最后一定要加上 Controller,View 一定要放在 Views 目录中,View 的名称就是对应的 Controller 的 Action 名称,还有 Web API 的 Action 名称前面加上 HTTP 动词。这些都属于约定优于配置的实际例子,凭借这些约定,开发人员在接手任何一个 ASP.NET MVC 项目时,更容易上手。

3. 不要重复

DRY 是指 Don't Repeat Yourself,特指在程序设计以及计算中避免重复代码,因为这样会降低灵活性、简洁性,并且可能导致代码之间的矛盾。

这一原则对于编写简单且易于修改的代码至关重要。重复的代码是程序员常犯的错误。这个原则指出,一段代码应该在源代码中的一个地方实现。如果同样的代码块重复出现,则说明违背了这个原则。

1.1.1　ASP.NET 历史

ASP.NET 是一个免费的 Web 开发平台,是微软公司在.NET 框架的基础上构建的一种 Web 开发架构。通过将用户界面(UI)模拟为服务器端控件对象层的办法,微软试图利用 Web Forms 将 HTTP(具有无状态本质)和 HTML 都隐藏起来。每个控件都跨请求地跟踪自己的状态(通过使用 View State 功能),在需要时将自己渲染成 HTML,并自动地将客户端事件(如按钮单击)与服务器端相应的事件处理器代码相关联。结果 Web Forms 被设计成一个巨大的抽象层,以便在 Web 上传递传统的事件驱动式图形用户界面(GUI)。

其思想是,让 Web 开发如同 Windows Form 开发一样,开发者无须使用一系列独立的 HTTP 请求与响应。他们可以认为这是一种状态化的 UI,因而微软可以让 Windows 的桌面开发人员向新型的 Web 应用程序领域实现无缝的转型。

Web Forms 的优点:

- 支持事件模式开发,得益于丰富的服务器端组件,Web Forms 开发可以迅速地搭建 Web 应用。
- 使用方便,入门容易,控件丰富。

Web Forms 的缺点:

- 封装太强,很多底层的内容初学者不易于搞明白。
- 入门容易,提升很难。
- 复杂的生命周期模型学习起来并不容易。
- 控制不灵活。
- ViewState 处理,影响性能。
- 低可测试性。

Web Forms 并非一无是处,微软投入了大量精力,以改善标准兼容性、简化开发过程,甚至从 ASP.NET MVC 中提取了一些特性。Web Forms 的特长是速效,而且在一天之内就能够建立和运行一个相当复杂的 Web 程序。但是,在开发期间须足够小心,否则会发现所创建的程序难以测试和维护。

1.1.2　ASP.NET MVC 简介

ASP.NET MVC 框架实现了这种 MVC 设计模式,它是 Windows 系统下的 Web 开发框架,是微软在改进 Web Forms 框架的基础上革新的一个轻量级框架,不同于 Web Forms 事件驱动模式,ASP.NET MVC 以恢复原本 Web 开发本质为基础,彻底更新了与 Web 本质渐行渐远的事件驱动模式,也改良了 Web Forms 历史所带来的枷锁,而且在实现过程中,还极大地改善了关注分离。事实上,ASP.NET MVC 实现了 MVC 模式的现代化变异,使它特别适用于 Web 应用程序。

通过采纳和调整 MVC 模式,ASP.NET MVC 框架对 Roby on Rails 以及类似平台,形成了强大的竞争力,并将 MVC 模式带入.NET 世界的主流行列。使用时遵循以下原则:Model 要重,Controller 要轻,View 要够笨。意思是 MVC 不希望在开发 View 时还需要判断过多的与 View 无关的复杂逻辑,这样就不易维护,一般只是数据的展示、UI 和交互,所以要尽可能地保持 View 逻辑简单;Controller 调用 Model 里面的方法,做一些逻辑的事情,然后将数据渲染到视图;Model 里写有各种业务逻辑的方法,以及数据的 CRUD(增加、查找、修改、删除)。

.NET Framework 框架结构如图 1.1 所示。

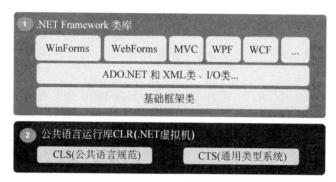

图 1.1   .NET Framework 结构

目前,ASP.NET 中两种主流的开发方式是 ASP.NET Web Forms 和 ASP.NET MVC,可以看到 ASP.NET Web Forms 和 ASP.NET MVC 是并行的,也就是说,MVC 不会取代 Web Forms,而是多了一个选择,Web Forms 在短期之内不会消亡。虽然 ASP.NET Web Forms 和 ASP.NET MVC 在概念与架构上有许多差异,但这两种网页开发模式还是基于 ASP.NET 的,所以开发 ASP.NET Web Forms 所累积的后端经验与技巧大多数还是可以应用在 ASP.NET MVC 中。但也因为在 ASP.NET MVC 上已经没有 ViewState 保留网页的状态,所以大部分依赖 ViewState 的功能都将无法使用,例如 GridView 的分页与排序、Page Trace 等利用 ViewState 记录状态的功能将全部失效,另外的大改变就是 ASP.NET MVC 已经没有页面生命周期(Page Life Cycle),也没有事件驱动。

ASP.NET Web Forms 和 ASP.NET MVC 在网络上已经有相当多互相比较的讨论文章,但两种开发模式都有优缺点,只要选择适合项目的架构就可以,在.NET 阵营的网页开发技术上也没有谁会取代谁的问题,ASP.NET Web Forms 和 ASP.NET MVC 都会继续各自发展下去。

基于 ASP.NET MVC 的应用程序中包含以下 3 个目录。

Models:表示用户对其数据的操作的一个封装,可以分为视图模型(View Models)、数据模型和领域模型(Domain Models)。视图模型就是在视图与控制器之间传输数据的一个封装;数据模型一般对应为数据库表,而领域模型就是业务逻辑、后台数据模型等的一个集合,是我们学的三层中的业务逻辑层、数据接口层的集合。

Views:代表用户交互界面,对于 Web 应用来说,可以概括为 HTML 界面,又可能为 XHTML、XML 和 Applet。

Controllers:一个协调视图和模型之间关系的特殊类。控制器可以理解为从用户接受请求,将模型与视图匹配在一起,共同完成用户的请求。它响应用户的输入,与模型进

行对话,并决定呈现指定视图。在 ASP.NET MVC 中,这个类对应的文件通常以后缀
.controller 表示。

从前面所学的内容知道,Web 应用程序执行时,用户需要在客户端使用浏览器输入
一个 URL 发送 Request 请求来访问服务器端的页面,服务器接受请求后会响应请求,通
过 Response 将响应结果以页面的形式返回客户端。MVC 框架有独特的响应流程,用户
通过浏览器向服务器发送 Request 请求后,MVC 框架会将请求传递给 MVC 框架里的
Routing(路由可以理解为一个负责处理请求响应该由谁处理的路径文件),并对请求的
URL 进行解析,然后 Routing 会将请求提交给控制器的 Action 方法,并执行该方法中的
代码。控制器负责将用户的请求提交给需要处理该请求的 Model 层里处理业务逻辑的
对象或方法,模型层处理完后,由控制器选择哪个视图呈现模型层的处理结果。控制器中
Action 方法执行完毕后以 ViewResult 类型返回给 MVC 框架的视图引擎(ViewEngine)
处理,视图引擎会呈现给客户外观视图,以 Response 响应报文返回给客户端浏览器。
MVC 请求响应过程如图 1.2 所示。

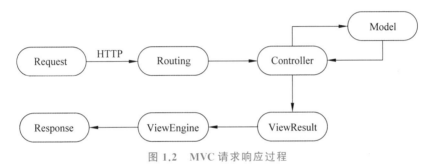

图 1.2　MVC 请求响应过程

总的来说,ASP.NET MVC 更简洁,更接近原始的"请求-处理-响应",有更多的新特
点,不会取代 Web Forms。底层跟 Web Forms 是一样的,只是管道上处理不同而已。
MVC 只是表示层的一种新方式。

1.1.3　ASP.NET MVC 的新特性

ASP.NET MVC 框架通过采纳和调整 MVC 模式,在实现过程中极大地改善了关注
分离。事实上,ASP.NET MVC 实现了 MVC 模式的现代化变异,使它特别适用于 Web
应用程序。

1. 可扩展性

MVC 框架被构建成一系列独立的组件,这些组件满足一个 .NET 接口,或建立在
一个抽象类之上,可以很容易地用一个自己的不同实现替换这些组件,例如路由系统、视图
引擎、控制器工厂等。

2. HTML 和 HTTP 上的严密控制

ASP.NET MVC 会产生整洁的、与标准兼容的标记,其内置的 HTML 辅助器方法可
以产生与标准兼容的输出,但与 Web Forms 相比,还有一种更重要的理念上的变革。
MVC 框架鼓励制作可设置 CSS 样式的简单、优雅的标记,而不是让难以控制的 HTML

泛滥成灾。

当然,如果确实想使用日期选择器或级联菜单等复杂 UI 元素的现成部件,ASP.NET MVC 的"无特殊需求"标记方法可以很容易地使用最佳类型的 UI 库,例如 jQueryUI 库或 BootstrapCSS 库等。ASP.NET MVC 与 jQuery 配合得很好,微软公司已经在 Visual Studio 中随带了 jQuery,将其用作默认 ASP.NET MVC 项目模板的一个内置部件,而且附带了 Bootstrap、Knockout 及 Modernizr 等流行库。

ASP.NET MVC 生成的页面不含任何 View State(视图状态)数据,因此这些页面可能比典型的 ASP.NET Web Forms 页面更小一些。无论当今的网络连接速度如何,这种对带宽的节约仍然会极大地改善最终用户的体验,并且有助于降低公用 Web 应用程序的运行费用。

ASP.NET MVC 与 HTTP 工作的十分协调。可以对浏览器和服务器之间传递的请求加以控制,因此可以按自己的意愿仔细地调整用户的体验。Ajax 很容易使用,而且没有任何自动回发扰乱客户端的状态。

3. 可测试性

MVC 体系结构在应用程序的可维护性和可测试性方面提供了良好的开端,因为可以很自然地将应用程序的不同关注分离成一个个独立的片段。ASP.NET MVC 的设计者还不止做了这些。为了支持单元测试,他们对该框架采取了面向组件的设计,并确保所构造的每一个独立的片段都满足单元测试和模仿工具的需求,同时还增加了 Visual Studio 向导,以便根据需求创建单元测试项目。这种测试项目能与开源的单元测试工具(如 NUnit 和 xUnit 等)集成在一起,也能与包含在 Visual Studio 中的测试工具集成在一起。

可测试性并不仅指单元测试,ASP.NET MVC 应用程序也可以与 UI 自动化测试工具良好地协作。可以编写模拟用户交互的脚本,而不必猜测框架会生成什么样的 HTML 元素结构、什么样的 CSS 的 class,或什么样的 ID 等,也不必担忧结构的意外变化。

4. 强大的路由系统

当一个请求在互联网信息服务(Internet Information Services,IIS)入口等待处理时,究竟会发生什么? ASP.NET MVC 相比 ASP.NET Web Forms 应用程序有不同的工作机制,URL 路由模块能够为应用程序截取只能由 IIS 服务的请求。如果 URL 引用了物理文件(如 ASPX 文件),路由模块就会忽略该请求,除非它是以其他方式配置的。随后该请求会进入经典的 ASP.NET 机制,利用页面处理程序像寻常方式一样进行处理,否则 URL 路由模块会尝试把请求的 URL 匹配到应用程序定义的任意路由。如果找到匹配项,请求将转到 ASP.NET MVC 按照控制器类的调用进行处理。如果没有找到匹配项,请求将会由标准的 ASP.NET 运行时以最佳方式提供服务,并很可能引发一个 HTTP 404 错误。

最后,只有与预定义 URL 模式(也称为路由)相匹配的请求才能享有 ASP.NET MVC 运行时。所有这类请求会被路由到一个共同的 HTTP 处理程序,该处理程序将控制器类实例化并调用该类中一个定义了的方法。接下来,控制器方法会进而选择视图组件生成实际的响应。

5. ASP.NET MVC 是开源的

与之前的微软 Web 开发平台不同,现在可以自由地下载 ASP.NET MVC 的源代码,甚至修改和编译自己的版本。当调试跟踪已深入系统组件并希望步入其代码内部(甚至阅读原程序员的注释)时,这种开源是无价的。如果是在创建高级组件并希望了解进一步开发的可能性,或是想了解内置组件的工作机制等情况时,这种开源也是很有用的。

此外,如果不喜欢框架的某些工作方式或发现了一个漏洞(bug),甚至想访问一些不能访问的东西,这种开源就可以自己做一些简单修改。然而,需要对这些修改保持跟踪,并且在更新到框架的新版本时,须把它们重新运用起来。

6. 软件工程化管理

它还有利于软件工程化管理。由于不同的层各司其职,每一层不同的应用具有某些相同的特征,有利于通过工程化、工具化产生管理程序代码。

1.2　ASP.NET MVC 的发展

2014 年,ASP.NET MVC 已经从 2009 年的 ASP.NET MVC 1 发展到 ASP.NET MVC 5 版。另外,因为 ASP.NET MVC 团队实施了敏捷开发与网站开发技术,所以变化越来越快,因而更新周期将会加快,使用 ASP.NET MVC 的开发人员可以更快速地享受到新功能带来的便利。为更好地理解 ASP.NET MVC 5,首先须知道 ASP.NET MVC 的发展历程。本节主要描述 5 个 ASP.NET MVC 版本的内容及其发布背景。

1.2.1　ASP.NET MVC 1 概述

2007 年 2 月,Microsoft 公司的 Scott Guthrie 飞往美国东海岸参加会议。在旅途中,他草拟了 ASP.NET MVC 的内核程序。这是一个只有几百行代码的简单应用程序,但它却给大部分追随 Microsoft 公司的 Web 开发人员带来了美好前景。

2007 年 10 月,微软公司发布了一款新的 MVC Web 开发平台,它建立在核心 ASP.NET 平台之上,明确地形成了对 Rails 这类技术进展的直接响应,并作为对 Web Forms 批评的一种反应。ASP.NET MVC 是一种构建 Web 应用程序的框架,它将一般的 MVC (Model-View-Controller)模式应用于 ASP.NET 框架。

即使在官方发布之前,ASP.NET MVC 也并不符合 Microsoft 产品的标准,这一点是很清楚的。ASP.NET MVC 的开发周期是高度交互的,在官方版本发布之前已有 9 个预览版本,它们都进行了单元测试,并在开源许可下发布了代码。所有这些都突出了一个哲理:在整个研发过程中要高度重视团队的协作交互。最终结果是,在 ASP.NET MVC 1 的官方版本发布时(包含代码和单元测试),已经被那些将一直使用它的开发者多次使用和审查,ASP.NET MVC 1 于 2009 年 3 月 13 日正式发布。

1.2.2　ASP.NET MVC 2 概述

与 ASP.NET MVC 1 发布时隔一年,ASP.NET MVC 2 于 2010 年 3 月发布。ASP.NET MVC 2 的部分主要特点如下。

- 带有自定义模板的 UI 辅助程序；
- 在客户端和服务器端基于特性的模型验证；
- 强类型 HTML 辅助程序；
- 改善的 Visual Studio 开发工具。

根据应用 ASP.NET MVC 1 开发各种应用程序的开发人员的反馈意见，ASP.NET MVC 2 中增强了许多 API 的功能，以增强其"亲和"性，比如：

- 支持将大型应用程序划分为域；
- 支持异步控制器；
- 使用 Html.RenderAction 支持渲染网页或网站的某一部分；
- 许多新的辅助函数、实用工具和 API 增强。

ASP.NET MVC 2 发布的一个重要先例是很少有重大改动，这是 ASP.NET MVC 结构化设计的一个证明，这样就可以实现在核心不变的情况下进行大量的扩展。

1.2.3　ASP.NET MVC 3 概述

ASP.NET MVC 3 于 ASP.NET MVC 2 发布之后的第 10 个月推出。ASP.NET MVC 3 的主要特征如下。

- 支持 Razor 视图引擎；
- 支持.NET 4 数据注解；
- 改进了模型验证；
- 提供更强的控制和更大的灵活性，支持依赖项解析（Dependency Resolution）和全局操作过滤器（Global Action Filters）；
- 丰富的 JavaScript 支持，其中包括非侵入式 JavaScript、jQuery 验证和 JSON 绑定；
- 支持 NuGet，可以用来发布软件，管理整个平台的依赖。

Razor 是在渲染 HTML 方面的第一个重大更新，在 ASP.NET MVC 1 和 ASP.NET MVC 2 中默认使用的视图引擎普遍称为 Web Forms 视图引擎（Web Forms View Engine），因为它和 Web Forms 使用了同样的 ASPX/ASCX/MASTER 文件和语法，设计目标是支持在图形编辑器中的编辑控件。Razor 被专门设计成视图引擎的语法，它的一个主要作用是在集中生成的 HTML 代码模板下面展示如何应用 Razor 生成同样的标记。Razor 语法易于输入和阅读，不像 Web Forms 视图引擎那样具有类似于 XML 的繁杂语法规则。

NuGet 是 Visual Studio 中非常实用的一个工具，可以通过它在线安装想要的程序包，只要右击解决方案中的项目的引用，在弹出的菜单中选择"管理 NuGet 程序包"，就可以在线搜索找到想要添加的程序包，下载安装即可。

1.2.4　ASP.NET MVC 4 概述

2012 年 9 月，ASP.NET MVC 4 正式发布，将重点放在一些高级应用上。它的主要功能包括：

- ASP.NET Web API；

- 增强了默认的项目模板；
- 添加了使用 jQuery Mobile 的手机项目模板；
- 支持显示模式（Display Modes）；
- 支持异步控制器的任务；
- 捆绑和压缩（minification）。

ASP.NET MVC 4 引入了一个好的解决方案：ASP.NET Web API（简称 Web API）。它是一个提供了 ASP.NET MVC 开发风格的框架，专门用来编写 HTTP 服务。该框架包括在 HTTP 服务域修改一些 ASP.NET MVC 概念，并提供一些新的面向服务的功能。虽然 ASP.NET Web API 包含在 ASP.NET MVC 4 中，但它可以单独使用。事实上，ASP.NET Web API 与 ASP.NET 不存在任何依赖关系，并且可以自托管，也就是说，它独立于 ASP.NET 和 IIS。这意味着，Web API 可以运行在任何.NET 应用程序中，可以是一个 Windows 服务，甚至是一个简单的控制台应用程序。ASP.NET Web API 将在第 10 章详细讲解。

显式模式是根据浏览器发出的请求，使用基于约定的方法选择不同的视图。当浏览器的用户代理指示一台已知的移动设备时，默认的视图引擎首先查找以.Mobile.cshtml 命名结尾的视图。例如，如果网站项目中有一个通用视图和一个移动视图，它们的名称分别是 Index.cshtml 和 Index.Mobile.cshtml，那么，当在移动浏览器网站访问到该页面时，MVC 4 将自动使用移动视图。虽然移动浏览器的默认页面确定方式基于用户代理检测，但是也可以通过注册自定义设备模式自定义此逻辑。

ASP.NET MVC 4（及其更新版本）支持的捆绑和压缩框架与 ASP.NET 4.5 中包含的框架相同。该框架通过合并脚本引用可以把若干个请求合并为一个请求，从而减少发送到站点的请求数量。与此同时，它也采用各种技术压缩请求大小，如缩短变量名、删除空格和注释等。它也很好地适用于 CSS，可以把若干 CSS 请求打包成一个请求，并压缩 CSS 请求的大小，使其用最少的字节产生等价的规则，也采用高级技术（像语义分析）折叠 CSS 选择器。

1.2.5　ASP.NET MVC 5 概述

2013 年 10 月，ASP.NET MVC 5 与 Visual Studio 2013 一起发布。这个版本的关注点是 One ASP.NET 计划，以及对整个 ASP.NET 框架所做的核心增强。下面是 ASP.NET MVC 5 的一些主要特性。

- One ASP.NET；
- 新的 Web 项目体验；
- ASP.NET Identity；
- Bootstrap 模板；
- 特性路由；
- ASP.NET 基架；
- 身份验证过滤器；
- 过滤器重写。

2013年，微软推出一个全新的概念One ASP.NET，在一个项目中将Web Forms和MVC集成起来可以给开发人员提供更好的开发体验，开发人员可以在崭新的"ASP.NET Web应用程序"项目中使用全新设计的Scaffold、ASP.NET IDentity，并且任选Web Forms、MVC、Web API进行开发。

特性路由是一种新的指定路由的方法，可将注解添加到控制器类或操作方法上。流行的AttributeRouting开源项目(http://attributerouting.net)使这种方法成为可能。

基架是基于模型类生成样板代码的过程。在ASP.NET MVC中，当开发人员创建一个新的Controller时会生成基本框架，假如选择"模型类"便可以生成包含新增、删除、修改、编辑、查看的基本程序代码，这些程序代码就是使用Scaffold生成的，Scaffold是ASP.NET MVC快速开发中的一个重点。

MVC很久以来一直支持认证过滤器的功能，允许基于角色身份或其他自定义逻辑限制对控制器或操作的访问。过滤器是一项高级MVC特性，允许开发人员参与操作和结果执行管道。过滤器重写意味着可以使某个控制器或操作不执行全局过滤器。

1.3　MVC与三层框架的关系

MVC，即Model、View、Controller，是UI端分层的三层模式，与三层架构有本质区别，通常意义上的三层架构就是将整个业务应用划分为界面层(UIL)、业务逻辑层(BLL)、数据访问层(DAL)，区分层次的目的即为了达到"高内聚低耦合"的思想。在软件体系架构设计中，分层式结构是最常见，也是最重要的一种结构。微软推荐的分层式结构一般分为三层，从下至上分别为数据访问层、业务逻辑层(又称为领域层)、表示层。三层模式是软件工程中的设计模式，是MVC设计思想的一种实现。

作为一种设计模式，MVC彻底分离了前后端，以及抽象层结构的依赖注入，横切编程模式，用于模型架构的ModelMedata、模型验证的ValidateProvider、数据提供的ValueProvider、数据绑定的ModelBinder、视图绑定的ViewEngine引擎等，构成了ASP.NET MVC架构的模式。

ASP.NET MVC与三层架构的关系如图1.3所示。

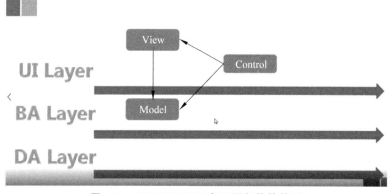

图1.3　ASP.NET MVC与三层架构的关系

MVC 更像横向的切分,每块都可以独立测试。而在三层架构中,上层模块的运行测试须提供下层代码或相同接口。MVC 的目的是实现系统的职能分工,即职责划分。MVC 模式结构如图 1.4 所示。

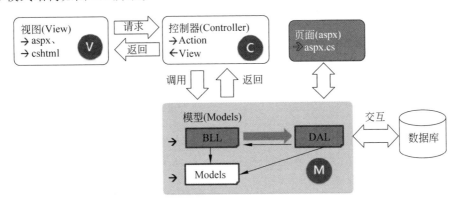

图 1.4　MVC 模式结构

ASP.NET MVC 中使用约定优于配置的软件设计原则来规范这种共同约定。约定优于配置的概念简单来说,就是利用约定取代复杂的配置。例如:

- Controller 文件名后要紧跟 Controller;
- View 要放置到 Views 目录中;
- View 的名称要对应 Controller 的 Action 名称。

第 2 章

创建 ASP.NET MVC 应用程序

本章导读：

学习 ASP.NET MVC 5 工作原理最好的方法是构建一个应用程序，用 Visual Studio 创建一个新的 ASP.NET MVC 应用程序，之后将自动向这个项目中添加一些文件和目录，ASP.NET MVC 并不是非要这个结构。

事实上，那些处理大型应用程序的开发人员通常跨多个项目分割应用程序，以便使应用程序更易于管理（例如，数据模型类常常位于一个来自 Web 应用程序的单独的类库项目中）。然而，默认的项目结构确实提供了一个很好的默认目录约定，使得应用程序的关注点更清晰。

本章要点：

本章将介绍如何配置 ASP.NET MVC 5 应用程序的开发环境，创建第一个基于 MVC 的 ASP.NET Web 应用程序，熟悉在项目中生成的目录和文件。默认情况下，ASP. NET MVC 应用程序对约定的依赖性很强，这样就避免了开发人员配置和指定一些项，因为这些项可以根据约定推断。在项目实施部分完成"图书销售系统"的系统设计和数据库建模。

2.1 安 装 环 境

学习任何开发技术工作原理最好的方法是构建一个应用程序。下面采用这种方法为 ASP.NET MVC 安装开发环境，并创建第一个 MVC 项目。

MVC 5 需要的目标框架为.NET Framework 4.5 以上。因此，它可以在 Windows Vista SP2、Windows 7 以上客户端操作系统上运行，也可以运行在 Windows Server 2008 R2、Windows Server 2012 以上服务器操作系统上。

确定满足基本的软件需求后，就可以在开发计算机和生产环境计算机上安装 ASP. NET MVC 5 了。

打开微软 Microsoft Visual Studio 的产品官方网站（https://visualstudio.microsoft. com/zh-hans/ ），选择 Visual Studio IDE 下的 Enterprise 2019，图 2.1 所示为 Microsoft Visual Studio 2019 的企业版本（以下简称 VS 2019）。

将安装引导程序下载至桌面，如图 2.2 所示。

启动 Visual Studio 2019 安装引导器，弹出如图 2.3 所示的界面，之后单击"继续"按钮。

图 2.1　微软产品网站

图 2.2　Visual Studio 引导程序

图 2.3　Visual Studio 安装初始页面

　　此时系统将进行相应的设置工作，请等待直至出现 Visual Studio 2019 的安装界面，如图 2.4 所示。

　　若要进行 Web 开发，则必须勾选 ASP.NET 和 Web 开发。核对安装位置和硬盘上是否有相应的剩余空间后，单击"安装"按钮，即可进行 Visual Studio 2019 的安装，此时等待安装程序安装，如图 2.5 所示。

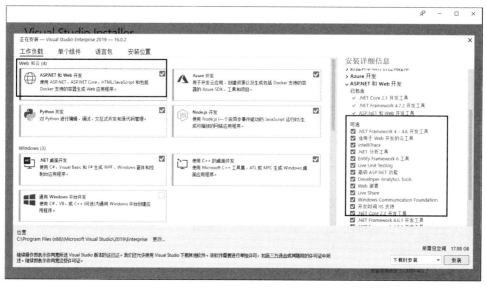

图 2.4　Visual Studio 安装界面——工作负载

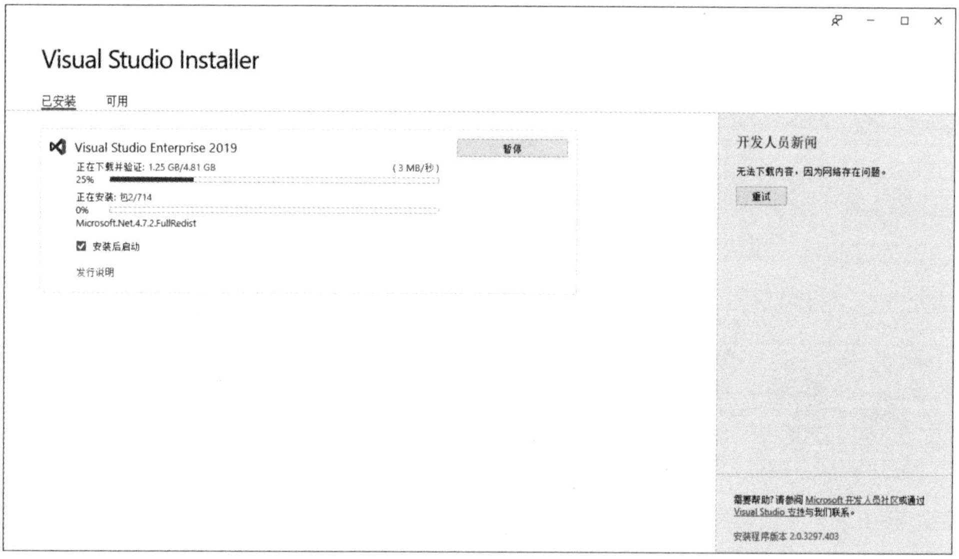

图 2.5　Visual Studio 安装界面

安装完成后,系统会提示重启计算机,单击"重启"按钮,完成 Visual Studio 2019 的安装,如图 2.6 所示。

Visual Studio 2013 及以上版本中均包含 MVC 5,所以不需要单独安装,如果使用的是 Visual Studio 2012,则需要单独安装。

本书中的项目开发使用的是 Visual Studio 2019,下面开始创建第一个 ASP.NET MVC 应用程序。

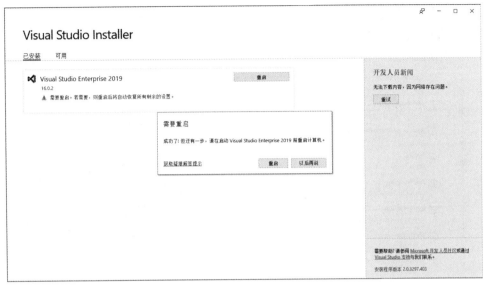

图 2.6　Visual Studio 安装完成

2.2　创建 MVC 应用程序

本节将使用 Visual Studio 2019 企业版构建基于 ASP.NET MVC 5 的 Web 应用程序。Visual Studio 是一个集成开发环境（IDE），就像使用 Microsoft Word 写文档，这里将使用 IDE 创建应用程序。Visual Studio 的顶部有一个工具栏，其中显示了可以使用的不同选项。还有一个菜单，提供了另一种在 IDE 中执行任务的方法（例如，可以从起始页选择创建新项目，或者使用"菜单-选择-文件-新建项目"），弹出如图 2.7 所示的界面。

在创建项目前，先逐个说明创建项目涉及的所有界面及界面功能项，首先介绍创建项目的界面。

打开最近项：这里显示的是 Visual Studio 2019 使用过的最近 10 个项目（显示多少个项目可以在 Visual Studio 2019 设置中进行设置），右侧为开始使用 Visual Studio 2019 的一些便捷操作。

克隆或签出代码：表示可以用相应的源代码管理系统，如从 GitHub 中获取相应代码；

打开项目或解决方案：用来打开本地计算机上的现有项目或解决方案；

打开本地文件夹：用来编辑计算机上已经存在的文件（但不是以项目方式）；

创建新项目：用户可以根据创建项目引导创建一个自己需要创建的项目。

下面新建一个基于 MVC 的 ASP.NET Web 应用程序，在弹出的界面中选择"创建新项目"，如图 2.8 所示。

可以创建使用 Visual Basic 或 Visual C♯作为编程语言的应用程序。单击创建项

图 2.7　Visual Studio 创建新项目首页

图 2.8　选择项目类型

目,然后在顶端的"语言"处选择 Visual C♯,"平台"选择 Windows,"项目类型"选择 Web,或者直接在列表中选择,选中 ASP.NET Web 应用程序(.NET Framework)。

下面对这个界面进行简要介绍。

首先介绍"最近使用的项目模板",该处列出的是最近创建项目使用过的模板,这样可以快速创建已经使用过的相应模板类型的项目。

语言:用来选择开发项目使用的开发语言,Visual Studio 支持多种开发语言,同时支持语言的扩展。

平台:Visual Studio 2019 支持除 Windows 平台以外的多种异构平台的开发,如 Android、TVOS、iOS、Linux、XBOX 等,但开发这些异构平台的前提是要安装相应平台的运行环境及 SDK。

项目类型:Visual Studio 2019 支持多种项目类型的创建,包括传统桌面应用、Web 应用、移动应用、游戏应用等。

选择相应的设置后,可在下面选择相应的项目模板进行项目的创建。不选择语言、平台、项目类型,仍可在列表中选择自己所需要的项目模板类型进行创建。现在选择"ASP. NET Web 应用程序(.NET Framework)",单击"下一步"按钮,弹出如图 2.9 所示的界面。

图 2.9 配置新项目

在配置新项目页面中需要输入以下信息。

项目名称:填写创建项目的名字,这里假如使用的项目名称为 BookManager。

位置:选择要存放项目的路径。

解决方案名称:创建解决方案的名称(一个解决方案可以包含多个项目);或者勾选"将解决方案和项目放在同一目录中"复选框创建与项目同名的.sln 文件。

框架:选择项目使用的.NET Framework 版本,这里选择系统默认的.NET Framework 4.7,注意要使用 MVC 框架,.NET Framework 版本要求必须在 4.5 以上。

填写完成后单击"创建"按钮进入"创建新的 ASP.NET Web 应用程序"页面,如果选错模板或者语言,则可以单击"上一步"按钮重新选择。创建新的 ASP.NET Web 应用程序页面如图 2.10 所示。

图 2.10　选择项目开发模式

可以自由选择模板,这里使用 MVC 模板作为示范,请选择 MVC 模板,身份验证选择"不进行身份验证",之后单击"创建"按钮,会得到使用 Visual Studio 默认模板的 ASP. NET MVC 项目,这是一个简单的项目,一旦 Visual Studio 创建了项目,便会看到"Solution Explorer(解决方案资源管理器)"窗口中显示了一些文件和文件夹,如图 2.11 所示。

这是一个新的 MVC 项目默认的项目结构,稍后便会理解 Visual Studio 所创建的这些文件和文件夹各自的用途。

通过选择"Debug(调试)"菜单中的"Start Debugging(开始调试)"(或简单地按快捷键 F5),可以试着运行这个应用程序(如果提示"Enable Debugging(启用调试)",则单击 OK(确定) 按钮即可)。

Visual Studio 将启动 IIS Express 并运行 Web 应用程序,IIS Express 是针对开发人员优化并且可独立执行的一个小型网站服务器。Visual Studio 启动浏览器,然后打开该应用程序的主页。注意,浏览器的地址栏中显示的是 localhost,而不是类似于 www. example.com 这样的域名地址。这是因为 localhost 始终指向本地计算机,在这种情况下只是生成的应用程序运行。当 Visual Studio 运行 Web 项目时,服务器的一个随机端口可用于此 Web 应用。如图 2.12 所示,端口号是 5489。当运行该应用程序时,会看到一个不同的端口号。

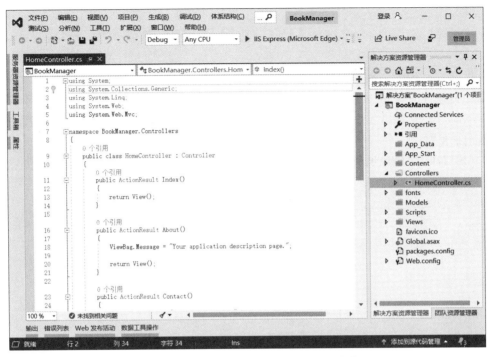

图 2.11　新建 ASP.NET MVC 项目解决方案

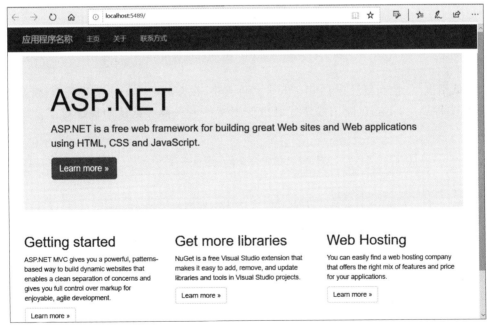

图 2.12　程序运行效果

　　此默认模板直接提供了主页、联系方式和关于页面，但不能显示首页，以及联系人的链接。

2.3　MVC 应用程序结构

用 Visual Studio 创建一个新的 ASP.NET MVC 应用程序,之后会自动向这个项目中添加一些文件夹和文件。因为 ASP.NET MVC 采用"约定优于配置"的原因,多数 ASP.NET MVC 的开发人员都会基于此规则扩展,所以了解 ASP.NET MVC 默认模板的结构很重要。

ASP.NET MVC 项目目录结构如图 2.13 所示。

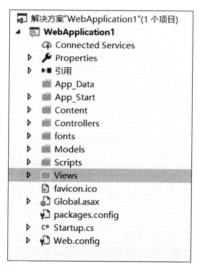

图 2.13　ASP.NET MVC 项目目录结构

默认情况下,控制器放在 Controllers 文件夹中,视图放在 Views 文件夹中,模型放在 Models 文件夹中,不必在应用程序代码中使用文件夹名称。默认的顶级目录及用途见表 2.1。

表 2.1　默认的顶级目录及用途

目　　录	用　　途
Controllers	用于存放处理 URL 请求的 Controller 类
Models	用于存放表示和操纵数据及业务对象的类
Views	用于存放负责呈现输出结果(如 HTML)的 UI 模板文件
Scripts	用于存放网站需要的 JavaScript 库文件和脚本(.js)
Fonts	用于存放 Bootstrap 模板系统包含的一些自定义 Web 字体
Content	用于存放静态文件,如 CSS 和其他站点内容,而非脚本和图像
App_Data	用于存储想要读取/写入的数据文件,存放在该文件夹下的文件无法被下载
App_Start	用于保存一些功能的配置代码,如路由、捆绑和 Web API

标准化的命名减少了代码量,同时有利于开发人员对 MVC 项目的理解,但 ASP.NET MVC 并不是非要这个结构。事实上,那些处理大型应用程序的开发人员通常跨多个项目分割应用程序,以便使应用程序更易于管理。然而,默认的项目结构确实提供了一个很好的默认目录约定,使得应用程序的关注点更清晰,下面是对每个文件夹内容的简短概述。

1. App_Data 文件夹

App_Data 文件夹用于存储应用程序数据,在本书中使用 EntityFramework 生成的数据库文件放置在该文件夹中。

2. Content 文件夹

Content 文件夹用于存放静态文件,如样式表(CSS 文件)、图标和图像。除了添加 bootstrap 样式外,Visual Web Developer 还会添加一个标准的样式表文件到项目中,即 Content 文件夹中的 Site.css 文件,这个样式表文件是想改变应用程序样式时需要编辑的文件,如图 2.14 所示。

3. Controllers 文件夹

Controllers 文件夹包含负责处理用户输入和响应的控制器类,如图 2.15 所示。

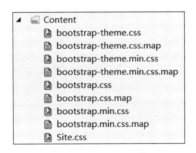

图 2.14　Content 文件夹

图 2.15　Controllers 文件夹

MVC 要求所有控制器文件的名称都以 Controller 结尾,默认情况下,Visual Web Developer 会自动创建好一个 Home 控制器,具体包含三个动作:Index、About 和 Contact。

4. Models 文件夹

Models 文件夹包含表示应用程序模型的类。模型控制并操作应用程序的数据,在本书后面的章节中将创建模型(类)。

5. Views 文件夹

Views 文件夹用于存储与应用程序的显示相关的 HTML 文件(用户界面),如图 2.16 所示。

Views 文件夹中包含每个控制器对应的 Home 文件夹、Shared 文件夹、_ViewStart.cshtml 和 Web.config 文件。

- Home 文件夹用于存储 Home 控制器中对应的视图页面,如 About.cshtml、Contact.cshtml 和 Index.cshtml。
- Shared 文件夹用于存储网站内共享的视图页面(布局

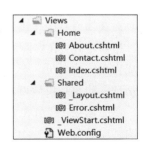

图 2.16　Views 文件夹

页面和分部视图页面），如_Layout.cshtml、Error.cshtml。

- _ViewStart.cshtml 是一个在呈现 View 文件时的启动文件，会在所有 View（.cshtml）被执行之前执行，主要用于一些不方便或不能在母版（_Layout.cshtml）中进行的统一操作，如此一来，就不必在每个 View 中各自指定。

但是，如果自行在 View 中指定了 Layout，则会以该 View 的设置为主。同样，也可以将 Layout 设置清空，方式是将 Layout 属性值设置为 null，表示这个 View 将不使用任何 Layout。不过，_ViewStart.cshtml 的默认 Layout 行为并不适用于 Partial View 分部视图，Partial View（PartialViewResult）就不会引用这项指定。

- Web.config 主要作用于视图，阻止通过 Controller 以外的途径访问 Views 文件夹下的视图，在 MVC 的设计模式中，Controllers 支持路由请求，并返回一个特定的经过渲染的视图给调用的客户端。

6. Scripts 文件夹

Scripts 文件夹存储应用程序的 JavaScript 文件，除 Bootstrap 和 jQuery 核心库外，Scripts 目录中还包含 jQuery 插件——jQuery UI（jQuery-ui）和 jQuery 验证（jQuery-validate），这些扩展增加了 jQuery 核心库的能力；名为 modernizr 的文件是用于在应用程序中支持 HTML 5 和 CSS 3 的 JavaScript 文件，如图 2.17 所示。

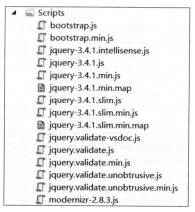

图 2.17　Scripts 文件夹

2.4　项　目　实　施

2.4.1　任务一：系统设计

本书围绕图书销售系统展开，该系统包括前台用户购买图书和后台信息管理两大功能。用户购买图书主要是前台图书展示和用户购买图书的行为活动，而后台则是管理员维护用户信息、图书信息、订单信息及系统设置等功能。

系统面向管理员、会员、游客三个角色，每个角色的具体功能如下。

1. 前台用户购物主要包括的功能模块

商品展示：游客和会员可以通过商品展示列表了解商品基本信息，可以通过商品详细页面获知商品的详细情况，可以根据商品名称、商品类别等条件进行商品的查询。

用户管理：在实际应用中，游客只能浏览商品信息，不能进行购买活动。游客可以注册成为系统的会员。会员成功登录系统后，可以进行商品购买活动，也可以查看和维护个人信息。购物结束后可以注销账号。

商品购买：会员在浏览商品的过程中，可以将商品添加到自己的购物车中，会员在确认购买商品前可对购物车中的商品进行修改和删除，确认购买后，系统将生成订单，会员可以查看自己的订单信息，可以对购买的商品申请退货和进行评价。

留言板：用户可以通过留言板对商城服务情况和热点信息进行交流和讨论。

2. 后台信息管理主要包括的功能模块

维护管理员信息和会员信息：系统管理员可以根据需要添加、修改和删除一般管理员，管理员维护会员信息、统计会员的购买情况。

维护商品信息：管理员维护商品类别，根据需要添加、修改、删除商品信息。

维护订单：管理员可以查询、撤销订单，或对订单数据进行统计。

其他管理功能：包括系统设置、系统数据备份和恢复等。

2.4.2　任务二：数据库建模

在关系型数据库系统中，数据模型用来描述数据库的结构和语义，反映实体与实体之间的关系。根据功能描述和业务分析可以确定系统中有管理员、用户、图书类型、图书、订单等实体，接着确定实体之间的关系，图书属于图书类别，会员将图书添加到购物车，根据购物车中的商品生成订单，会员和管理员属于不同种类的用户。明确实体间的关系后，标识出实体的属性，完成系统数据库的设计，见表 2.2～表 2.8。

表 2.2　Roles 表

属 性 名	类 型	描 述
RoleID	Int	角色 ID
RoleName	String	角色名称

表 2.3　Users 表

属 性 名	类 型	描 述
UserID	Int	用户 ID
UserName	String	用户名
Sex	String	性别
Password	String	密码
City	String	城市
Birth	DateTime	生日
Phone	String	电话
Email	String	邮箱
Address	String	地址
IsValid	Bool	是否有效
RoleID	Int	角色 ID

表 2.4　BookTypes 表

属　性　名	类　型	描　述
BookTypeID	Int	图书类型 ID
BookTypeName	String	图书类型名
Description	String	描述

表 2.5　Books 表

属　性　名	类　型	描　述
BookID	Int	图书 ID
BookName	String	书名
Author	String	作者
ISBN	String	ISBN
Price	Decimal	价格
BookUrl	String	图片
BookTypeID	Int	图书类型 ID

表 2.6　ShoppingCarts 表

属　性　名	类　型	描　述
CartID	Int	购物车 ID
UserID	Int	用户 ID
BookID	Int	图书 ID
Number	Int	购买数量

表 2.7　Orders 表

属　性　名	类　型	描　述
OrderID	Int	订单 ID
UserID	Int	用户 ID
CreateTime	DateTime	创建时间
TotalMoney	Decimal	总金额
ReceiveUserName	String	收货人
ReceivePhone	String	联系电话
ReceiveAdrress	String	收货地址
State	Int	订单状态

表 2.8 OrderDetails 表

属 性 名	类 型	描 述
OrderDetailID	Int	订单详情 ID
OrderID	Int	订单 ID
BookID	Int	图书 ID
Number	Int	购买数量
Comment	String	评论
CommentTime	DateTime	评论时间

注意，表中的数据类型设置不是数据库中的数据类型，而是 C♯ 中的数据类型，因为后面的章节中要用代码生成数据库。

2.5 同 步 训 练

创建名为 StudentManager 的 ASP.NET Web 应用程序，模板选择空，添加文件夹和核心引用，勾选 MVC 和 Web API 项，如图 2.18 所示，观察与 2.2 节中创建的项目有什么区别？

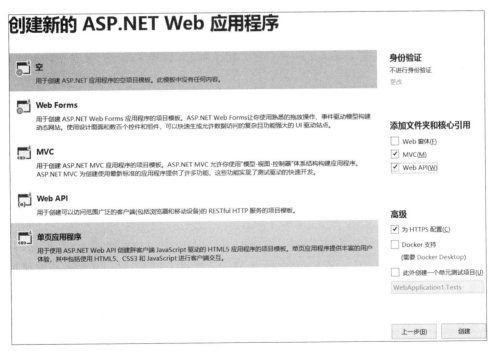

图 2.18 创建带 Web API 的 MVC 应用程序

第3章

模型和数据操作

本章导读：

MVC 的第一个字母 M 是 Model，它承载着 View 层和 Controller 之间的数据传输，是数据传输的载体，通过 Model 层解耦了视图和控制器。MVC 框架中 Model 的主要关注点是如何把请求的数据自动装配成 Action 所需要的实体类，除此之外，框架 Model 层还可以提供复合实体类自动装配、输入校验、本地化及国际化、字符集编码转换、多重输出等功能。

在本书中，数据操作是通过 Entity Framework（以下简称 EF）完成的。EF 是微软在 ADO.NET 开发以来十分重要的数据访问框架，它不但提供了标准的数据连接自动管理，也提供了对象关系映射的能力，简化程序员在编写数据访问程序时所需要的 SQL 指令编写工作，以及将查询结果转换成强类型对象的需求。随着 EF 不断进步，它也提供了在部署数据库时的辅助功能。

本章要点：

本章首先介绍 Model 的概念，然后介绍 ORM 和 EF 框架的概念，并对 EF 框架的 3 种模型进行详细的讲解，当数据库在使用的过程中需要对数据库中的表结构进行修改时，则需要使用数据库迁移完成。

首先在项目实践部分使用 EF 框架中的 Code First 方式导入现有数据库，然后创建图书销售系统其他数据模型，这些类在 ASP.NET MVC 应用程序中扮演 Model 的角色，最后使用数据迁移功能同步到数据库中。

3.1　Model 的概念

Model，即"模型"，也就是程序中的"数据"。程序是由数据和算法组成的，在 MVC 应用程序中，算法由 Controller 提供，而数据由 Model 提供。但是，Model 并不指程序内的局部变量、全局变量或常数，而是指由程序外部所提供的数据。程序外部的数据有很多种，凡是数据库、文件、Web Service（网页服务）、其他的应用程序或系统，乃至于由不同程序所演算出来的结果等，都算是 Model。所以，Model 并不仅是来自数据库的数据，也包括来自外部系统或文件的数据。

Model 本身基本上并不属于哪个应用程序项目，在大中型应用系统的设计上，Model 并不只归属于某一个应用程序，而是会特别将 Model 剥离到架构层面上，让 Model 可以被大部分应用程序所共享，并且在 Model 和实际数据源之间插入一个中介层，由这个中介层负责与数据源进行互动,包括所熟知的 CRUD 动作。如此一来,上层应用程序只需在关注 Model 操作的情况下访问 Model,而不必担心数据源的数据管理与读写方式,这种架构在具有弹性与模块化的应用程序中相当常见。

在 ASP.NET MVC 应用程序中,Model 通常会放在项目的 Models 文件夹内,以便和其他程序进行区分,这是基于 ASP.NET MVC 应用程序所强调的"约定优于配置"原则,这个原则适合小型应用程序。若一开始就知道要开发的是大型应用程序,Models 文件夹就不适合放系统层次的 Model 对象,而只能放针对应用程序本身的 Modle,甚至不放。

Model 的类型如下。

Model 在具体实现中使用的方式有很多种,基于不同的功能与设计需求,Model 通常不会只有一种类型,而是会有多种类型。

最常见的 Model 多半是从数据源的结构而来,这些 Model 可能由 DataSet 或 DataTable 构成,用来加载与数据源互动的数据,并将数据提供给应用程序使用。此类 Model 的结构会和数据库架构相似,或是使用与数据库相同的命名规则设计,常见于以数据库为中心(Database-Centric)的 MVC 应用程序。

另一种 Model 依存于特定的程序或显示接口,此类 Model 会按照程序所需要的数据结构进行设计,而不是针对数据源,最常见的是与显示接口相互沟通的 Model,如 ViewModel,它们的存在与程序紧密结合,但通常与数据源无关,也就是数据是来自程序的处理与计算,而不是来自数据源。

ASP.NET 的大师级人物 Dino Esposito 将 ASP.NET MVC 内使用的 Model 分为三种,分别是 Domain Model、View Model 与 Input Model。

- Domain Model:与前面所述的以数据源为主的 Model 很相似,但融入了领域驱动设计的概念。
- View Model:与 View 紧密结合的 Model 类型。
- Input Model:是由用户端或外部系统端输入的 Model,Input Model 会和 MVC 的 Model Binding 机制协同合作,以提供简便的数据输入绑定方式。

无论何种类型,都可以看到一个共同的含义,就是 Model 并不限于数据,也可以是外部服务或是程序(例如商业逻辑层),所以,在进行 Model 的设计时不能只就数据面思考,尤其是当程序和其他服务连接时。

3.2　ORM

程序员除了掌握基本的程序设计语言外,若需要访问数据库,还必须额外学习 SQL 指令,才能处理数据库端的数据访问。而各种数据库都有自己的 SQL 语法,像 Oracle 是 PL/SQL,SQL Server 是 Transact-SQL 等,SQL 本身又带有很强的关系型代数,以及基于架构(Schema-based)的特性,再加上 SQL 本身的指令和一般程序在概念上又不太相似(SQL 是一种以集合为主的语言),造成程序员在学习上的障碍。另外,数据库端可能还会有数据库管理员(DataBase Administrator,DBA),通常 DBA 会严格监控程序员所写的 SQL,因为 SQL 写得好与坏关乎数据库的访问性能,而这也是令很多程序员十分棘手的问题。

若能将对象自动与数据库进行映射，程序员就不必担心数据访问时还要写 SQL 的问题，用他们所熟悉的方法就可方便地访问数据库，对象关系映射（Object Relational Mapping，ORM）的概念就是在这个基础上开发出来的。

ORM 是指对象结构（Structure）和数据库架构（Schema）间的映射。使用 ORM 所设计的系统，其内部对象和数据库架构都有一定的映射规则，程序员可以不必编写 SQL，通过 ORM 提供的 Mapping Services（映射服务），将上层的对象访问指令转换成对数据库的 SQL 操作指令后，由数据库执行，再将运行结果封装成对象风格后返回给程序，所以程序员只要熟悉对象的使用就能访问数据库，无须另外学习使用 SQL。

3.3　Entity Framework 概述

Entity Framework（简称 EF）是一种 ORM 的数据访问框架，它主要为程序员提供更轻松访问数据源的功能，并试着以 ORM 的架构让程序员不必为了编写 SQL 而费心。EF 结合了 LINQ 以及 Expression 的功能，在核心层实现 SQL 生成器，以程序通过 IQueryable＜T＞指令传入的 Expression 的内容，决定如何产生 SQL 指令，而且这些指令都经过 SQL Server 工程团队的设计，特别为 SQL Server 进行了优化，所以程序员只要会应用 LINQ，就能很便捷地查询 SQL Server 数据库，而不必特别为了访问数据库而学习一堆 SQL 指令。

虽然前面只讲了 SQL Server，但其实 EF 本身是具有扩展性的框架，只要其他数据库（如 Oracle、MySQL 或是 DB2）按照 EF 提供的接口实现自己的 SQL 生成器与连接管理机制，就可以让 EF 支持不同的数据库，事实上也已经有不少数据库提供商宣布或实现支持 EF 的数据提供程序。

EF 利用数据库建模（Database Modeling）的方法将程序代码与数据库架构结合起来，以支持对象与数据库架构的串接，程序员可利用 Visual Studio 内的 ADO.NET 实体数据模型（Entity DataModel）文件调用 EF 的实体数据模型向导。

EF 包含三种建模方法，分别是数据库优先建模法（DataBase First）、模型优先建模法（Model First），以及完全以程序代码建模的程序代码优先建模法（Code First）。起初 EF 用于开发时，只提供了数据库优先的建模方法，由现有的数据库产生建模映射；到 4.0 版时，加入了模型优先建模法，允许程序员直接在项目中定义数据模型，再使用 T4 模板的方法产生数据库的设计模型，之后通过 DataContext 的生成器将设计好的模型送到数据库系统内以产生数据库。

Entity Framework 5.0 版中推出了前面提到的程序代码优先模型，程序员只需要定义出要使用的数据模型，然后在程序代码中设置数据模型间的关系，以及设置各属性的特征（例如它是 IDENTITY，或是允许 NULL 等），然后利用 DbContext 对象按照这些设置建立数据库，至于要用什么 SQL 指令，就不是程序员担心的了。

实际使用哪种类型的数据建模法，要由团队的成员配置与职务而定。若是新项目，又是以程序员为主的团队，则使用 Code First 方法较佳；若有数据库管理员，则应考虑使用 DataBase First 或是 Model First 方法，由数据库管理员进行设计，再由程序员根据模型编写程序。另外,若使用的数据库是现有的,建议使用 DataBase First 或是 Code First 方法,若是新建数据库,则考虑使用 Model First 或 Code First 方法。

在 Visual Studio 开发环境下学习数据库应用编程时,用它自带的 SQL Server Express LocalDB 数据库实现即可,这种数据库的优点是用法简单,而且将项目和数据库从一台计算机复制到另一台计算机上时,不需要对数据库做任何单独的额外操作。

LocalDB 数据库实际上并不是为 IIS 设计的,但是,在开发环境下,由于 LocalDB 数据库使用方便,而且开发完成后,将 LocalDB 数据库移植到其他版本的数据库中也非常容易(只需要修改项目根目录下 Web.config 中的数据库连接字符串即可,其他代码不需要做任何改变)。因此,本书中开发 Web 应用程序项目,采用 LocalDB 数据库实现。

3.3.1　DataBase First

DataBase First 模式称为"数据库优先",该模式假设已经有相应的数据库,可以使用 EF 设计工具根据数据库生成数据类,并使用 Visual Studio 模型设计器修改这些模型之间的对应关系。

首先创建一个控制台应用程序,然后创建实体模型,添加新建项,选择"ADO.NET 实体数据模型"表示要使用实体数据模型,并且使用 Entity Model Designer 编辑。选择 ADO.NET 实体数据模型如图 3.1 所示。

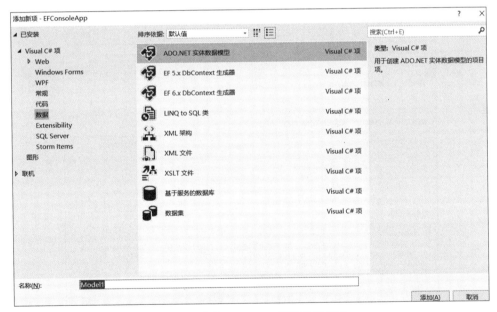

图 3.1　选择 ADO.NET 实体数据模型

下面需要与现有的数据库进行连接生成 EF 实体,在进行这一步之前,首先确定是否已经有现成的数据库,单击"添加"按钮,进入实体数据模型向导页面,如图 3.2 所示。

若使用 DataBase First 方式,其实体数据模型选择"来自数据库的 EF 设计器",单击"下一步"按钮进入设置数据库连接字符串的屏幕显示页面,如图 3.3 所示。

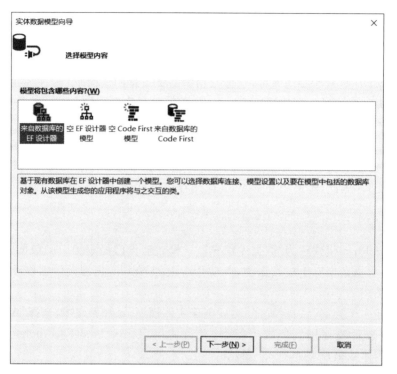

图 3.2　实体数据模型向导

图 3.3　选择数据连接

　　若"您的应用程序应使用哪个数据连接与数据库进行连接?"下拉菜单为空,请单击右边的"新建连接"按钮设置新的数据连接。数据源可以是 SQL Server 数据库,也可以是数据库文件,如图 3.4 所示。

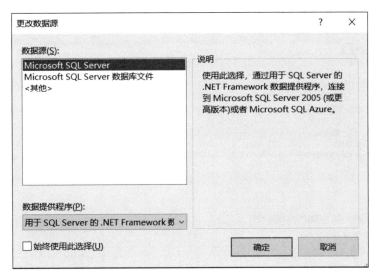

图 3.4　设置数据源

　　连接设置完成时,会回到"连接属性"对话框,并且默认存储连接字符串到 App.config (若是 ASP.NET 应用程序则是 Web.config),名称默认为 Model 的名称加上 Entities 字样,以本例来说就是 BookManagerEntities,单击"下一步"按钮会出现选用何种 EF 版本的对话框,如图 3.5 所示。

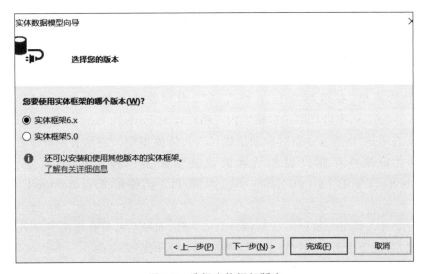

图 3.5　选择实体框架版本

　　选择最新版本实体框架 6.x,单击"完成"按钮,弹出"选择您的数据库对象和设置"页面,如图 3.6 所示。

图 3.6   选择数据库对象

在"选择您的数据库对象和设置"页面中首先需要选择在模型中包括哪些数据库对象,选择项包括数据"表""视图"及"存储过程和函数",此外还有三个选项:第一个选项是"确定所生成对象名称的单复数形式",这个选项的功能是要求 EF 在生成类对象时,分析数据库的名称决定 Entity、EntitySet 及 Navigation Property 三者的名称是单数或是复数。第二个选项是"在模型中包括外键列",表示要在生成出来的 Model 中加入 Navigation Property,不过只限于数据表内有明确设置 Foreign Key Constraint 的才会加入。第三个选项是"将所选存储过程和函数导入实体模型中",表示若选择了存储过程和函数,向导会将这些存储过程和函数的设置加到实体模型内,这样就可以利用 ObjectContext<T>的 ExecuteFunction()调用,而不需使用 ExecuteStoreCommand()调用。

选择好要导入模型的数据库对象和三个选项后,如果不需要修改模型命名空间,单击"完成"按钮,系统会帮助生成数据库实体类及 EDMX 的定义文件。

生成的文件目录如图 3.7 所示。

创建完实体模型后,会自动生成 Books、BookTypes、Roles、Users 和 Carts 实体类和一个 BookManagerEntities 数据库上下文操作类,双击 Model1.edmx 会显示如图 3.8 所示的实体关系图。

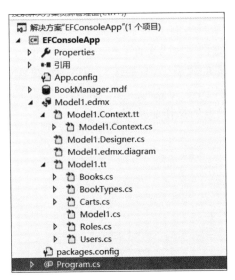

图 3.7　生成的文件目录

图 3.8　实体关系图

使用 DataBase First 所生成的模型，会使用 T4（Text Template Transformation Toolkit）模板进行转换，在项目内的.tt 文件就是文字模板（Text Template）文件，它是用来生成数据库对象所对应的程序代码文件。

这样就拥有访问数据库的模型了，只要编写简单的数据访问代码，就可以对数据库进行增加、删除、修改、查找操作了。下面简单看一下如何使用 EF 进行数据查询，通过下面的代码可以看到 EF 对于数据的操作非常容易。

```
static void Main(string[] args)
{
    using (var db = new BookManagerEntities())
    {
        IQueryable<Books> books = from book in db.Books
                                  where book.Author == "王雪"
                                  select book;
        foreach (Books p in books)
        {
            Console.WriteLine("书名是 :{0}", p.Title);
        }
    }
    Console.ReadLine();
}
```

在程序入口的 Main()函数中实例化 BookManagerEntities 数据操作类，使用 Linq 语句对 Books 中的数据做投影查询，过滤条件为作者"王雪"，最后输出到控制台。运行结果如图 3.9 所示。

图 3.9   运行结果

3.3.2   Model First

Model First 是 EF 4 开始新增的功能，主要提供给目前没有数据库，但又需要使用 EF 设计模型的程序员使用。正如其名，程序员要先在 Designer 内设计好模型的结构，再利用这个结构生成数据库。

首先，与 DataBase First 一样，新增一个 ADO.NET 实体数据模型，但这次选择的是 "空 EF 设计器模型"，然后单击"完成"按钮，如图 3.10 所示。

这时会出现一个空白的 Designer，并且工具箱也会出现必要的模板，就像使用 Windows Forms 的窗体设计器一样，由工具箱拖拉出模板放到 Designer 的空间内，以此建立模型。建立模型空窗体如图 3.11 所示。

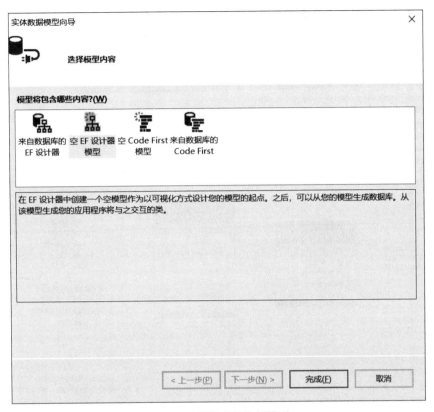

图 3.10　选择实体数据模型

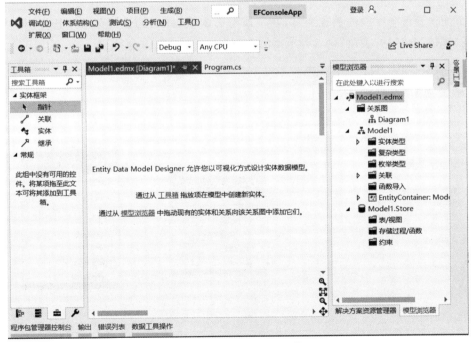

图 3.11　建立模型空窗体

接着，建立数据模型，方法很简单，从左边的"工具箱"中将"实体"拖放到 Designer 内，就会产生一个新的模型，然后将名称改为 Roles 和 Users，并在模型上右击，从弹出的快捷菜单中选择"新增"→"标量属性"命令，并给其命名，设计好实体后可以添加关联关系，如图 3.12 所示。

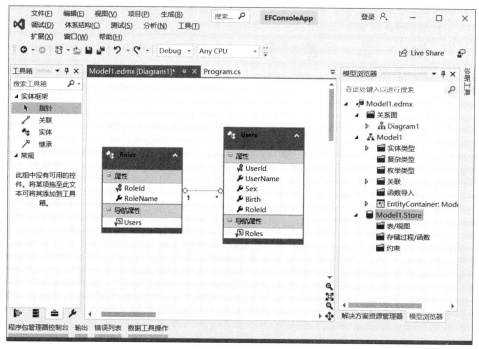

图 3.12　建立模型及关联关系

下面设置每个字段的数据类型，在字段上右击，从弹出的快捷菜单中选择"属性"命令，在"属性"窗口的"类型"中选择所需的类型即可，如图 3.13 所示。

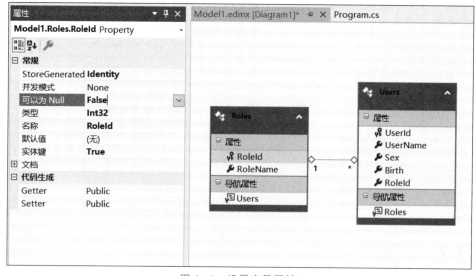

图 3.13　设置字段属性

　　在建立关联的同时,还会产生"导航属性"选项,通过导航属性,就能直接浏览关联好的对象。设置完成后,在 Designer 的空白处单击,可以看到属性窗口内会出现关于这个 Model 的设置,将"以复数形式表示新对象"设为 true,会让 User 在产生数据表时将名称设为 Users,Role 会设为 Roles。至此,设计已经完成,但要将它生成为数据库之前,还需要做一个设置,就是需要一个 DbContext 对象。要产生 DbContext 对象的方法也不难,只要在 Designer 上右击,选择"添加代码生成项"命令即可,如图 3.14 所示。

图 3.14　根据模型生成代码

　　此时会出现添加 DbContext 生成器的选项,选择"EF 6.x DbContext 生成器",可以修改 Model 的名字,再单击"添加"按钮,如图 3.15 所示。

图 3.15　选择生成 DbContext 的生成器

此时就能在项目中看到 Model1.edmx 下出现了 Model1.context.tt 文件，以及 Model1.tt 下包含了 Model1.Context.cs 及在 Designer 中所设计的 Model 的程序代码文件。在 Designer 的空白处右击，从弹出的快捷菜单中选择"根据模型生成数据库"命令，如图 3.16 所示。

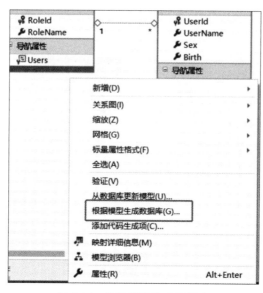

图 3.16   根据模型生成数据库

下一步是设置数据库连接属性，数据源选择 Microsoft SQL Server 数据库文件 (SqlClient)，输入数据库文件名后，单击"确定"按钮，如图 3.17 所示。

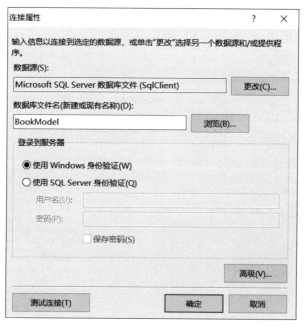

图 3.17   设置数据库连接属性

　　在数据连接的窗口中设置要连接的数据库,在"使用那个数据库连接与数据库进行连接"下拉菜单中输入 BookModel,然后单击"确定"按钮,这时会出现是否要建立新数据库的对话框,单击"是"按钮,建立新数据库。接着会出现数据库架构脚本生成的屏幕显示画面,如图 3.18 所示。

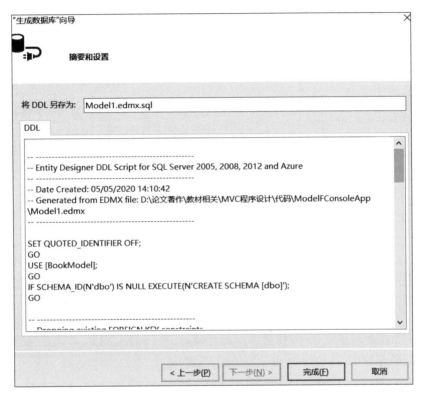

图 3.18　设置数据库连接属性

　　单击"完成"按钮,Visual Studio 将自动生成 DDL 文件并打开,如图 3.19 所示。

　　Model First 生成数据库及数据对象后,就可以使用程序代码处理数据库的访问工作了,这部分与 Database First、Code First 都一样,所以留在 Code First 的部分一起说明。

3.3.3　Code First

　　Code First 模式最早是从 EF 4 开始的,利用 EF 6 模板和已存在的数据库创建实体模型在前面的学习中已经介绍,EF 6(Entity Framework 6)提供的 Code First 模式分为两种情况:一种情况是数据库已经存在,如果系统开发前已经存在数据库,则选择"来自数据库的 Code First",步骤和 Database First 类似,在该模式中取消了 edmx 模型和 T4 模板,直接生成 EF 上下文和相应的类,该模式出现在 Visual Studio 2015 版本以后。

　　另一种情况是还不存在数据库,那么选择"空 Code First 模型",添加完成后,Visual Studio 会打开生成好的 Code First 程序代码。正如 Code First,定义的规则全部由程序代码处理,所以这也意味着使用 Code First 方式进行建模时,可以直接使用类的程序代码,而不一定用 ADO.NET 实体数据模型的方式产生。

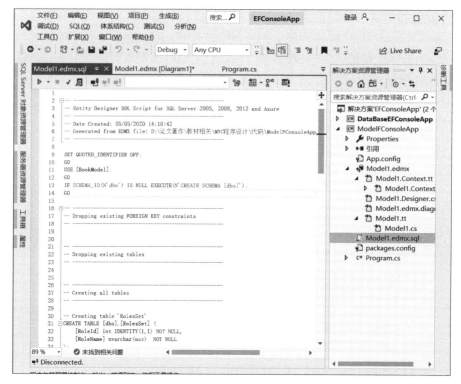

图 3.19　DDL 文件

创建一个控制台应用程序,然后添加新建项,选择"ADO.NET 实体数据模型",弹出实体数据模型向导,如图 3.20 所示。

图 3.20　实体数据模型向导

EF 6 提供的"来自数据库的 Code First"模板适用于数据库已经存在的情况,利用它可自动生成 C♯模型类代码和 C♯数据上下文类代码。或者说,利用该模板既可以根据生成的代码理解数据库表中字段类型和 C♯数据类型之间的对应关系,又可以简化 Code First 代码编写的工作量。

"空 Code First 模型"和"来自数据库的 Code First"用法相似,适用于不存在数据库,但是希望借助它先帮助自动生成部分 C♯代码的情况。和前面的 DataBase First 与 Model First 一样,可以通过添加 ADO.NET 实体数据模型生成模型。

本节主要介绍数据库不存在时 Code First 模式的基本用法,目的是让读者理解相关的概念。但是一定要记住,Code First 模式既可用于现有数据库,也可以创建数据库。在实体数据模型向导中选择"空 Code First 模型",系统会自动生成一个类。注意,自动生成的模型都需要继承自 DbContext,可以看到,微软已经给了很多提示,例如,需要自己配置连接数据库的字符串;创建的模型类都需要在 DbContext 实体类中添加 DbSet,代码如下所示。

```
两个引用
public class Model1 : DbContext
{
    //您的上下文已配置为从您的应用程序的配置文件(App.config 或 Web.config)
    //使用"Model1"连接字符串。默认情况下,此连接字符串针对您的 LocalDb 实例上的
    // "CFConsoleApp.Model1"数据库
    //
    //如果您想针对其他数据库和/或数据库提供程序,请在应用程序配置文件中修改"Model1"
    //连接字符串
    1 个引用
    public Model1()
        : base("name=Model1")
    {
    }

    //为您要在模型中包含的每种实体类型都添加 DbSet。有关配置和使用 Code First 模型
    //的详细信息,请参阅 http://go.microsoft.com/fwlink/?LinkId=390109。

    // public virtual DbSet<MyEntity> MyEntities { get; set; }
}

//public class MyEntity
//{
//    public int Id { get; set; }
//    public string Name { get; set; }
//}
```

几乎所有的管理软件都具有权限管理。下面新建两个模型类用户模型 Users 和角色模型 Roles,用于对图书馆里系统的权限进行管理。需要根据提示引入相应的命名空间,使用构造函数设置属性初值,并且需要用 Key 为自己的表指定主键。

```
public class Roles
{
    public Roles()
      {
          Users = new HashSet<Users>();
      }
    [key]
    public int RoleID { get; set; }
    public string RoleName { get; set; }
    public virtual ICollection<Users> Users;
```

```
        }

public class Users
{
    public Users()
    {
            IsValid = true;
            Birth = DateTime.Now;
            Sex = "男";
            RoleID = 3;
    }
    [key]
    public int UserId { get; set; }
    public string UserName { get; set; }
    public string Password { get; set; }
    public string Sex { get; set; }
    public DateTime? Birth { get; set; }
    public string City { get; set; }
    public string Phone { get; set; }
    public string Email { get; set; }
    public string Address { get; set; }
    public bool IsValid{ get; set; }
    public int RoleID { get; set; }
    public Roles Roles { get; set; }
}
```

在 Roles 和 Users 模型中,除了将数据库中的字段定义为类的属性外,还为 Roles 添加了类型为 ICollection＜Users＞的 Users 对象,并在构造方法中实例化;为 Users 模型添加类型为 Roles 的 Roles 对象,表明 Roles 和 Users 模型的关系为一对多。

定义好模型后,需要按照微软提供的模板将这两个类添加到 DbSet。这里的"name ＝ Model1"表示使用名字为 Model1 的字符串连接数据库。

```
public class Model1:DbContext
{
    //连接字符串
    public Model1()
        : base("name=Model1")
    {
    }
    public virtual DbSet<Roles> Roles { get; set; }
    public virtual DbSet<Users> Users { get; set; }
}
```

下面是项目根目录下的 App.config 中数据库连接字串的配置,名为 Model1 的连接字串对应的数据库名称为 EFConsoleApp.Model1。

```
<connectionStrings>
<add name="Model1" connectionString="data source=(LocalDb)\MSSQLLocalDB;
initial  catalog = EFConsoleApp. Model1; integrated  security = True;
MultipleActiveResultSets=True; App=EntityFramework" providerName="System.
Data.SqlClient" />
</connectionStrings>
```

然后在 Program 的 Main()函数中写操作数据库的代码,用来生成数据库。

```
static void Main(string[] args)
{
    using (var db = new Model1())
    {
        var role = new Roles();
        role.RoleName = "超级管理员";
        db.Roles.Add(role);
        role = new Roles();
        role.RoleName = "管理员";
        db.Roles.Add(role);
        role = new Roles();
        role.RoleName = "普通用户";
        db.Roles.Add(role);
        db.SaveChanges();
        IQueryable<Roles> roles = from r in db.Roles
                                  select r;
        foreach (Roles r in roles)
        {
            Console.WriteLine("角色是 :{0}", r.RoleName);
        }
    }
    Console.ReadLine();
}
```

定义并实例化数据库操作类 Model1,为 Roles 表添加超级管理员、管理员和普通用户后,执行 db.SaveChanges()语句将数据保存在数据库中。运行程序,可以看到运行结果如图 3.21 所示。

图 3.21　运行结果

程序运行后,在控制台中查询到三条角色列表,说明使用 Code First 方式创建了数据库,并且包含 Roles 和 Users 两张表,Roles 表中插入了以上三条数据,那么创建的数据库文件在哪里呢?

可以打开 Visual Studio 视图菜单下的 SQL Server 对象资源管理器查看数据库文件,使用 Code First 方式生成的数据库如图 3.22 所示。

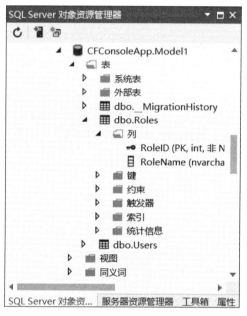

图 3.22   使用 Code First 方式生成的数据库

3.3.4   数据库初始化

在系统开发初期,通常不会有数据库,要自行创建数据库之后,才能进行后续程序的开发。按照 ORM 的概念,程序员应该不需要编写 CREATE DATABASE 语句,所以 DbContext 提供了两个方法创建数据库,分别是 Create()、CreateIfNotExists(),前者可创建数据库,但若数据库已存在,则会弹出提示;后者会判断数据库是否已存在,若存在,则不做任何动作,否则会创建数据库。有新增数据库的指令,当然也会有删除数据库的指令,若要删除数据库,只要调用 Delete() 即可。

```
db.Database.Create();
db.Database.CreateIfNotExists();
db.Database.Delete();
```

不过,对于程序员来说,数据库的新增和删除不是重点,重点是在新增数据库时要额外做一些数据新增的工作,这在部署系统时很常见,每次在部署有数据库的系统时,都要产生大量 SQL 指令带到目标环境执行,对程序员来说并不十分方便,因此 ORM 通常会提供一些方法处理这部分工作。EF 在这部分提供了数据库初始化器(DataBase Initializer)的功能,内建了以下 4 种方法。

- 在数据库不存在时创建数据库

```
Database.SetInitializer<Model1>(new CreateDatabaseIfNotExists< Model1>());
```

- 在模型更改时创建数据库

```
Database.SetInitializer<Model1>(new DropCreateDatabaseIfModelChanges
< Model1>());
```

- 每次启动应用程序时创建数据库

```
Database.SetInitializer<Model1>(new DropCreateDatabaseAlways < Model1>());
```

- 从不创建数据库

```
Database.SetInitializer< Model1>(null);
```

除此之外，EF 也提供了 IDatabaseInitializer＜TContext＞接口供程序员使用，以开发出适合自己数据库初始化器的功能，并且可加入一些所需的新增数据。IDatabase-Initialize＜TContex＞只有一个方法 InitializeDatabase()，只实现这个方法即可，例如：

```
public class DbInit:IDatabaseInitializer< Model1>
    {
        public void InitializeDatabase(Model1 context)
        {
            context.Database.CreateIfNotExists();
            context.Users.Add(
                new Users()
                {
                    UserName = "Test",
                    Password = "t123",
                    Phone = "18695553888",
                    Email = "wangyy@163.com"
                });
            context.SaveChanges();
        }
    }
```

若要驱动 DbInit 类，需要两步：首先是设置要使用的初始化器，可用 Database.SetInitializer()实现；然后是在 DbContext 的生命周期内调用 DbContext.Initialize()，并传入是否要强制执行 Database Initializer 的参数。

```
Database.SetInitializer<Model1>(new DbInit());
using (var db = new Model1())
{
    db.Database.Initialize(true);
}
```

3.3.5　数据迁移

在系统开发过程中,数据库与模型并不是十分稳定,修改的次数比想象得还要多,以往的开发模式是直接操作数据库,现在多了一个 Data Model,更新时可能比以前复杂。以 ORM 的角度看,程序员最好不用懂 DDL 就能修改数据结构,只要关注 Data Model 即可。

当数据库在使用的过程中,如果模型发生了变化,就需要删除数据库,根据模型重建数据库,在这样的情况下,数据库中原先的数据也会丢失,否则程序会抛出异常信息"The model backing the 'Model' context has changed since the database was create",程序将无法正常运行。

EF 提供了数据库迁移的功能,让程序员能在不懂数据库的情况下完成修改表格、执行 SQL,或是添加数据库对象等项工作。如果使用数据迁移,则会在原数据库中修改,数据不会丢失,让程序员在不修改数据库的情况下完成修改数据表、执行 SQL 等项工作。数据库迁移一般分为三个步骤,对应三个命令。

(1) Enable-Migrations。

(2) Add-Migration 文件名。

(3) Update-database。

若要执行数据库迁移,第一步必须在项目内启动数据库迁移功能,方法是首先在 Visual Studio 的视图菜单 → 其他窗口 → 程序包管理员控制台(Package Manager Console)中将程序包管理员控制台打开,然后执行 Enable-Migrations 指令(如果命令太长记不住,可输入前几个字母之后按 Tab 键,这样就会弹出智能提示),启用数据库迁移功能,如图 3.23 所示。

图 3.23　启用数据库迁移功能

这里需要注意,当解决方案中有多个项目时,默认项目选择 DbContext 派生类所在的项目名称。

Enable-Migrations 指令会在项目中加入 Migrations/Configuration.cs 文件,里面有 Database Migration 相关的程序代码模板。

```
public Configuration()
    {
        AutomaticMigrationsEnabled = true;
        ContextKey = "CFConsoleApp.Model1";
    }
```

```
protected override void Seed(CFConsoleApp.Model1 context)
{
    //此方法在数据迁移执行 Update-Database 指令时,EF 会自动执行 Seed() 方法,可以
    //使用 DbSet<T>.AddOrUpdate()扩展方法避免创建重复数据
}
```

接下来对 Roles 模型进行修改,假如为 Roles 添加 Memo 属性用于说明角色的权限,则在 Roles 类中添加的代码如下所示。

```
public string Memo { get; set; }
```

第二步,执行迁移命令 Add-Migration 后按 Enter 键,再输入 addMemo,也可以直接输入 Add-Migration addMemo,该命令会自动在 Migrations 文件夹下生成日期＋addMemo 的 CS 文件。执行迁移命令 Add-Migration 如图 3.24 所示。

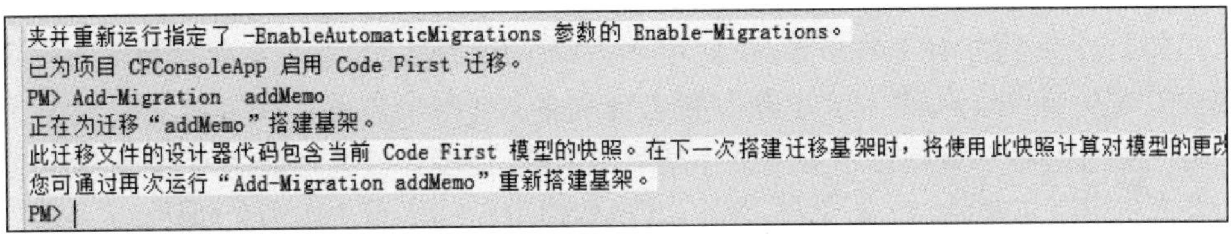

```
夹并重新运行指定了 -EnableAutomaticMigrations 参数的 Enable-Migrations。
已为项目 CFConsoleApp 启用 Code First 迁移。
PM> Add-Migration  addMemo
正在为迁移 "addMemo" 搭建基架。
此迁移文件的设计器代码包含当前 Code First 模型的快照。在下一次搭建迁移基架时,将使用此快照计算对模型的更改
您可通过再次运行 "Add-Migration addMemo" 重新搭建基架。
PM>
```

图 3.24　执行迁移命令 Add-Migration

生成的 CS 迁移文件的代码如下所示:

```
public partial class addMemo: DbMigration
{
    public override void Up()
    {
        AddColumn("dbo.Roles", "Memo", c => c.String());
    }

    public override void Down()
    {
        DropColumn("dbo.Roles", "Memo");
    }
}
```

其中,Up()会在将数据库升级(也就是将模型更新到数据库)时调用,所以在这里应该加入更新数据库的指令,而 Down()会在将数据库降级(也就是将数据库中原有的更新删除)时调用,因此这里删除在 Up()中加入或修改的新结构。

第三步,执行迁移命令 Update-Database 将修改提交到数据库,如图 3.25 所示。

```
PM> Update-Database
指定 "-Verbose" 标志以查看应用于目标数据库的 SQL 语句。
没有挂起的显式迁移。
正在运行 Seed 方法。
PM>
```

图 3.25　执行迁移命令 Update-Database

再次打开数据库文件查看数据库对象,Memo 字段已经添加到 Roles 表中。

在 EF 6 中,当用 Code First 的模式进行编程时,EF 会自动在数据库中创建_MigrationHistory 表,该表包含以下 4 个字段。

MigrationId:在 Add-Migration 指令中指定的<版本名>,EF 会自动在前面加上时间戳。

ContextKey:主要作用是对 Model 进行分组,这样不同项目的 Model 可以在同一个 DB 中互不干扰。

Model:EF 会基于 DBContext 中包含的所有 Entity Model 生成字节数组。

ProductVersion:生成这个 Migration 的 EF 的版本。

3.4 LINQ 驱动数据查询

LINQ 是微软在.NET Framework 3.5 中加入的语言功能,是一系列直接将查询功能集成到 C♯ 及 Visual Basic .NET 语言的技术统称,以程序代码方式处理集合对象的问题。访问集合对象一直是程序员十分伤脑筋的地方,在没有泛型功能的时候,若要访问集合对象的每一个元素,除了 for 循环之外,就是使用 IEnumerable 接口的 GetEnumerator(),再用 MoveNext() 逐一浏览集合对象内的元素,若还要加上汇总功能,则要编写的程序代码会非常多。

为了解决在程序中处理集合对象的问题,微软首先在.NET 2.0 中导入了泛型功能,让程序在处理集合对象的类型时能减小类型转换所带来的性能负担,也导入了 is 和 as 运算符,使得程序在处理类型判断时可以更轻松。微软设计 LINQ 技术的初衷是希望开发人员能够以类似 SQL 指令的方式,将查询的动作进行程序设计语言化。

看到 select、from、join 等运算符,很容易联想到 SQL 指令,而大多数的数据库开发人员都习惯使用 SQL 指令访问数据库,所以 LINQ 在初期推广时,是针对 SQL Server 数据库集成 LINQ 进行查询的,能终结开发人员长久以来的 SQL 噩梦,开发人员不必写 SQL 就能使用数据库。但是,LINQ 真正的威力其实并不只是 SQL 指令的终结,而是它隐含对集合对象的强大访问能力,以及为了实现 LINQ 技术而在.NET Framework 内添加的各种扩展能力,这些能力才是 LINQ 真正的价值所在。

1. 关联查询 Include()

使用 Include() 扩展方法可以包含关联的数据,它告诉 LINQ to Entities 引擎查询实体的同时也查询出关联的数据实体。查询用户表时关联角色表,可采用以下两种方式:

```
var users = db.Users.Include(b => b.Roles);
var users = db.Users.Include("Roles");
```

通过上面语句不仅查询出用户表 Users 中的所有数据,同时也查询出与每条记录关联的角色 Roles 的信息。

2. 查询结果过滤:Where()

Enumerable.Where() 是 LINQ 中使用最多的函数,大多数都要针对集合对象进行过

滤,因此 Where()在 LINQ 的操作上处处可见,Where()的主要任务是负责过滤集合中的
数据。

Where()的参数是用来过滤元素的条件,它要求条件必须传回 bool,以确定此元素是
否符合条件,或是由特定的元素开始算起(使用 Func<TSource,int,bool>,中间的传入
参数代表该元素在集合中的索引值),例如,要在一个数列集合中找出大于 5 的数字时,即
可使用 Where():

```
List<int> list1 = new List<int>(){ 6, 4, 2, 7, 9, 0 };
list1.Where(c => c > 5);
```

Where()的判断标准是:只要判断函数返回 true,就成立,反之取消,所以,若要进行
复数条件过滤,直接在函数中处理即可,例如常见的 BETWEEN a AND b,在 Where()中
只要如下一行代码:

```
list1.Where(c => c >=1 && c<=5);
```

在数据库中常使用的 LIKE 语法,在 LINQ 中可用 string.Contains()取代(当然,传
入的数据类型必须是 string,或是在检查函数中进行类型转换)。若需要按序过滤,可以
连续调用 Where()处理,例如前面的 BETWEEN a AND b 例子:

```
list1.Where(c => c >= 1) .Where(c => c <= 5);
```

3. 选取数据 Select()

通常,在编写 LINQ 函数调用时较少用到选取数据的函数(因为函数调用会直接返回
lEnumerable<T>集合对象),但在编写 LINQ 语句时十分常用,与 Where()类似,Select()
也可以按照元素所在的位置判断处理,而 Select()指定的处理 selector 必须传回一个对
象,这个对象可以是现有的类型,也可以是匿名的类型,即可以通过 Select()重新组装所
需数据,例如查找 RoleID 为 1 的所有用户名和密码:

```
var query = db.Users
        .Where(r => r.RoleID == 1)
        .Select(r => new { UserName = r. UserName,Password = r. Password });
```

Select()的另一个相似函数 SelectMany()则是处理有两个集合对象来源的数据选
取,对两个集合处理是以 CROSS JOIN 为主的。

4. 群组数据 GroupBy()、ToLookup()

汇总数据是查询机制的基本功能,而在汇总之前必须先将数据做群组化,才能进行统
计,LINQ 的群组数据功能由 Enumerable.GroupBy()函数提供。

GroupBy()会按照给定的 key(keySelector)及内容(elementSelector)产生群组后的
结果(IGroup 接口对象,或是由 resultSelector 生成的结果对象),例如下列程序会计算数
列中的数字出现的次数:

```
List<int> sequences = new List<int>() { 1, 2, 4, 3, 2, 4, 6, 4, 2, 4, 5, 6, 5, 2, 2,
6, 3, 5, 7, 5 };
```

```
var group = sequences.GroupBy(o => o);
foreach (var g in group)
{
    Console.WriteLine("{0}count:{1}",g.Key,g.Count());
}
```

GroupBy()设置了使用数列本身值作为 Key 值,并且利用这个 Key 分组产生分组的数据(IGrouping＜TKey,TElement 类型),再对分组的数据进行汇总,程序的运行结果如下:

```
1count:1
2count:5
4count:4
3count:2
6count:3
5count:4
7count:1
```

除了 GroupBy()能群组化数据外,另一个具有群组化数据能力的是 ToLookup(),它可以生成具有群组化特性的集合对象,由 ILookup ＜ TKey, TElement ＞ 组成。ToLookup()看起来和 GroupBy()有些类似,但是它会另外生成一个新的集合对象,这个集合对象由 ILookup＜TKey,TElement＞组成,允许多个键值存在,且一个键值可包含许多关联的实值。文字描述很模糊,下面直接看程序:

```
var nameValuesGroup = new[]
{
    new {name = "Allen", value = 65,group = "A" },
    new{ name = "Abbey", value = 120,group = "A" },
    new{ name = "Slong", value = 330,group = "B" },
    new{ name = "George", value = 213, group = "C" },
    new{ name = "Meller", value = 329,group = "C" },
    new {name = "Mary", value = 192, group = "B" },
    new{ name = "Sue", value = 200,group = "C" }
};
var lookupValues = nameValuesGroup.ToLookup(c => c.group);
foreach (var g in lookupValues)
{
    Console.WriteLine("=== Group :{0}===",g.Key);
    foreach (var item in g)
        Console.WriteLine("name: {0},value: {1}",item.name,item.value);
}
```

程序运行结果如下所示:

```
=== Group :A===
name: Allen, value: 65
```

```
name: Abbey, value: 120
=== Group :B===
name: Slong, value: 330
name: Mary, value: 192
=== Group :C===
name: George, value: 213
name: Meller, value: 329
name: Sue, value: 200
```

从运行结果可以发现, ToLookup() 已经完成了群组的工作, 并且可以浏览 ToLookup() 所产生的集合, 此时集合对象的元素会是 ILookup＜TKey, TElement＞. Grouping 类, 它本身是 IGrouping＜TKey, TElement＞的具体实现, 用来容纳相同键值 的集合对象, 之后的模式和 GroupBy() 的一样。

5. 连接查询 Join()

作为一种查询机制, 将两个集合进行连接(join)也是理所当然的, 尤其是在进行数据 的对比和汇总时, 连接机制显得更重要。在 LINQ 函数里, 由 Enumerator.Join() 函数负 责处理连接。下面的代码是在用户表内连接角色表, 连接字段为 RoleID, 返回所有用户 的角色名称和用户名。

```
var users = db.Users.Join(db.Roles,
        p => p.RoleID, s => s.RoleID,(p, s) => new { p.Username,s.RoleName });
foreach(var user in users)
{
    Debug.WriteLine(user.RoleName+"    "+user.Username);
}
```

Enumerable＜T＞.Join() 使用的是 Inner Join 的概念, 当 TInner.Key 和 TOuter. Key 相同时, 才会将元素输出到 ResultSelector 作为参数, 所以, 在上例中, 无论是用 db. Users, 还是 db.Roles, 都会得到相同的结果。

务必注意, 无论是选择上文所用的语法编写 LINQ, 还是使用查询语法, 都可以从一 种语法形式转至另一种语法形式。可使用查询语法编写使用方法语法编写的上述查询, 如下所示:

```
var users = from b in db.Users
            join t in db.Roles on b.RoleId equals t. RoleId
            select new { RoleName=t.RoleName,UserName =b.UserName };
```

6. 数据排序 OrderBy()与 ThenBy()

数据排序是在数据处理中常见的功能, 在 LINQ 内的排序主要以 OrderBy() 函数为 主, 而为了支持连续条件的排序, 可加上 ThenBy() 函数, 以便满足多重条件排序的需求。 基于 LINQ 的延迟查询机制, 排序也不是在一开始就进行的, 而是在数据真被访问时才会 进行排序。因此, OrderBy() 在处理集合时, 传递回来的是称为 IOrderedEnumerable＜T＞ 接口的对象, 这个对象由 Enumerable.OrderedEnumerable＜T＞内部类实现, 负责在数据进来时使用给定的(或默认的 IComparer 的对象实现)比较运算符对对象进行排序,然后将结果传回给调用端。

```
var users = db.Users.OrderBy(c => c.UserName).ThenBy(c => c.Sex);
```

请注意,如果要设置多重排序条件,请务必使用 OrderBy()加上 ThenBy()的组合,若使用 OrderBy()+OrderBy()组合,会使得排序被执行两次,最终的结果会是最后一个 OrderBy()所产生的结果。

3.5 基于 Entity Framework 数据模型的 CRUD

Entity Framework 数据模型的查询通常可以使用 LINQ 语法实现。LINQ 语法使开发人员能够通过使用 LINQ 表达式和 LINQ 标准查询运算符。直接从开发环境中针对实体框架对象上下文创建灵活的强类型查询,具体查询步骤如下。

首先,在使用 Entity Framework 数据模型前,一定要创建 Entity Framework 数据模型上下文对象的实例,如果是按照默认步骤创建 Entity Framework 数据模型,默认情况下其上下文对象的名称会以 Entities 结尾,以 3.3.3 节创建的上下文为例,创建其实例的具体代码如下。

```
Model1 db = new Model1();
```

或

```
using (Model1 db = new Model1())
{
    ……//此处放置增加、删除、修改、查询代码
}
```

3.5.1 基于 Entity Framework 框架的数据查询

接下来看如何在 Entity Framework 框架中实现投影查询、条件查询、排序和分页查询、聚合查询和连接查询。

1. 投影查询

例如,查询数据库中 Users 表中的全部用户,代码如下:

```
var users = db.Users;                                //函数查询方式
```

或

```
var users = from b in db.Users
        select b;                                    //基于表达式的方式
```

2. 条件查询

条件查询一般有精确查询和模糊查询两种类型。精确查询一般使用等于号进行匹配,而模糊查询使用的是 Contains()方法。例如,查询所有姓李的用户,具体代码如下:

```
var users = db.Users.Where(b=>b.UserName.Contains("李"));  //函数查询方式
```

或

```
var users = from b in db.Users
                 where b. UserName.Contains("李")
                 select b;                                //基于表达式的方式
```

3. 排序和分页查询

排序和分页是进行 Web 开发经常使用到的功能,下面将用户按照姓名进行排序,并按每十行一页进行分页,获取第二页数据,代码如下所示:

```
var users = db. Users.OrderBy(b=>b.UserName).Skip(1).Take(10);  //函数查询方式
```

或

```
var users = (from b in db.Users
            orderby b.UserName
            select b).Skip(1).Take(10);                   //基于表达式的方式
```

在上述代码中,分页主要依靠 Skip()和 Take()两个方法实现,Skip()方法的设置忽略查询结果前多少项,Take()方法的设置用于获取多少个连续的查询结果。值得注意的是,只有对查询结果进行排序之后才能分页,否则会报错。

4. 聚合查询

例如查询用户人数,具体代码如下:

```
var users = (from b in db.Users
                      select b).Count ();                 //基于表达式的方式
```

或

```
var users = db.Users.count(    );                         //函数查询方式
```

5. 连接查询

连接查询是关系数据库中最主要的查询,主要包括内连接、外连接和交叉连接等。通过连接运算符可以实现多个表查询。连接是关系数据库模型的主要特点,也是它区别于其他类型数据库管理系统的一个标志。

下面假如需要查询用户的权限和基本信息。

```
var users = (from u in db.Users
            join d in db.Roles
            on u.RoleID equals d. RoleID
            select new { d.RoleName, u });                //基于表达式的方式
```

或

```
var users = db.Users.Join(db.Roles,u=>u. RoleID, d => d. RoleID
    , (u, d)=>new { d.RoleName,u });                      //函数查询方式
```

在上面的代码中,join 关键字用于连接两个数据表,在基于表达式方式中,on 和 equals 关键字用于指定两个表达式通过哪个字段连接在一起,而使用函数查询方式,则是根据参数进行设置。

3.5.2　基于 Entity Framework 的数据更新

在 Entity Framework 中,数据的更新是通过调用实体对象的 SaveChanges()方法实现的。调用 SaveChanges()方法后,Entity Framework 会检查被上下文环境管理的实体对象的属性是否被修改过。然后,自动创建对应的 SQL 命令发给数据库执行,也就是说,在 Entity Framework 数据模型中,数据更新需要通过找到被更新对象、更新对象数据和保存更改这三个步骤完成。

例如,需要修改一个姓名为"王菲"的电话和城市,首先要找到需要修改电话和城市的数据实体对象,代码如下:

```
var user= db.Users.FirstOrDefault(b => b.UserName== "王菲");
```

上述代码使用了 FirstOrDefault()方法,该方法在没有查到符合条件的结果时返回空值,在查到符合条件的结果时返回第一条结果对应的实体对象。

其次是更新实体对象并将修改保存到数据库,代码如下:

```
if(user!= null)
{
    //更新属性值
    user.Phone= "13200001111";
    user.City= "北京";
    db.Entry(user).State = EntityState.Modified;
    //保存更改
    db.SaveChanges()
}
```

需要注意的是,只有在调用 SvaeChanges()方法后,更新后的数据才能被写入数据库。

3.5.3　基于 Entity Framework 框架的数据添加和删除

利用 Entity Framework 数据模型实现数据的添加和删除非常方便。数据添加通过三个步骤完成:首先创建新的数据实体(一个数据实体表示数据表中的一行);然后调用 Add()方法将数据实体添加到具体的数据库的表对象中,然后调用 SaveChanges()方法保存到数据库。下面添加一个姓名为吕祥,性别为男,城市为沈阳的用户,且角色为管理员。

```
//创建新的数据实体
var newUser = new Users( { UserName = "吕祥",Sex= "男",City= "沈阳",RoleID=1 };
//添加到数据库
db.Users.Add(newUser);
//保存到数据库
db.SaveChanges();
```

数据删除也是通过三个步骤完成：首先找到需要删除的数据实体；然后调用 Remove()
方法删除数据实体,然后调用 SaveChanges()方法保存到数据库。

例如,删除上面添加的吕祥用户,具体实现代码如下：

```
//找到需要删除的实体
var delUser = db.Users.FirstOrDefault(b => b.UserName == "吕祥");
if (delUser!= null)
{
    //删除实体
    db.Users.Remove(delUser);
    //保存到数据库
    db.SaveChanges();
}
```

3.6　项目实施

在 3.3.3 节中使用 Code First 模式创建了名为 EFConsoleApp.Model1 的数据库文
件,其中包含 Users 和 Roles 两张数据表。

本案例要求新建一个名为 BookStore 的 ASP.NET MVC 项目,使用 EF 框架 Code
First 中的[来自数据库的 Code First]添加该数据库到项目中,并创建图书销售系统其他
模型类(具体要求参考 2.4 节中的表 2.2～表 2.8),并在 DbContext 上下文类中添加所有
模型的数据集,最后通过数据库迁移同步到数据库。

3.6.1　任务一: 使用 Code First 导入数据库

该任务首先需要创建名为 BookStore 的 ASP.NET MVC 项目,用于本书中的图书销

售系统开发,本项目的数据库采用 Code First 方式,
使用来自数据库的 Code First 模板将 3.3.3 节中创
建的数据库导入本系统并继续完善。

创建 ASP.NET MVC 项目参考第 2.2 节,创建
好名为 BookStore 的项目后,将 EFConsoleApp.
Model1 数据库复制到该目的文件夹 App_Data,如
图 3.26 所示。

右击项目中的 BookStore,在弹出的快捷菜单中
选择"添加"→"新建项"命令,在弹出的窗口中选择
"ADO.NET 实体数据模型",单击"下一步"按钮进
入"选择模型内容"页面,这里选择"来自数据库的
Code First",之后单击"下一步"按钮进入"选择您的
数据连接"页面,如图 3.27 所示。

单击"新建连接"按钮进行数据库连接设置,如
图 3.28 所示。

图 3.26　带有数据库文件的解决方案

图 3.27   选择数据库连接

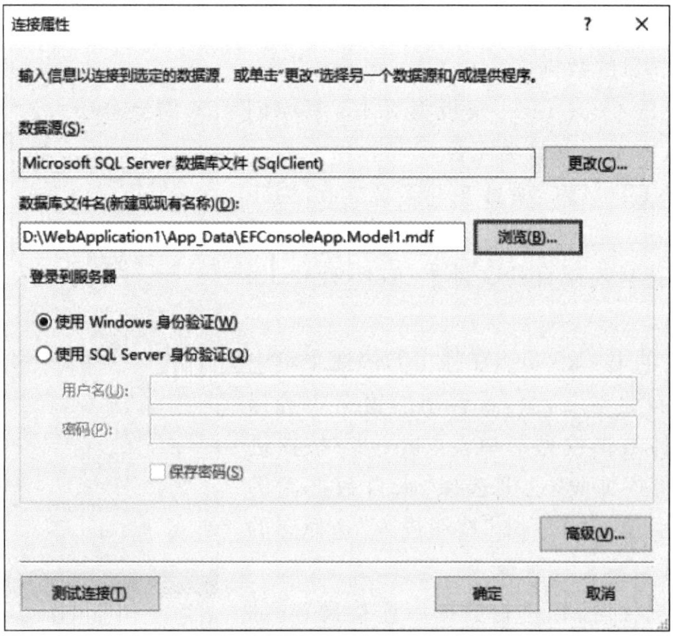

图 3.28   数据库连接设置

数据源选择"Microsoft SQL Server 数据库文件(SqlClient)",选择 App_Data 文件夹下的数据库文件,单击"确定"按钮,将结果带入上一个页面,将"选择您的数据库连接"页面最低端的"将 App.Config 中的连接设置另存为"修改成 BookStoreModel,之后单击"下一步"按钮。

最后选择要导入的数据表完成数据库导入,系统会自动生成 DbContext 上下文类、Users 和 Roles 模型类,并在 Web.Config 中自动添加 BookStoreModel 数据库连接字串,导入数据库后的项目如图 3.29 所示。

自动生成的 3 个 CS 文件都在根目录下,根据 MVC 约定优于配置的设计原则,需要将它们移动到 Models 文件夹下。

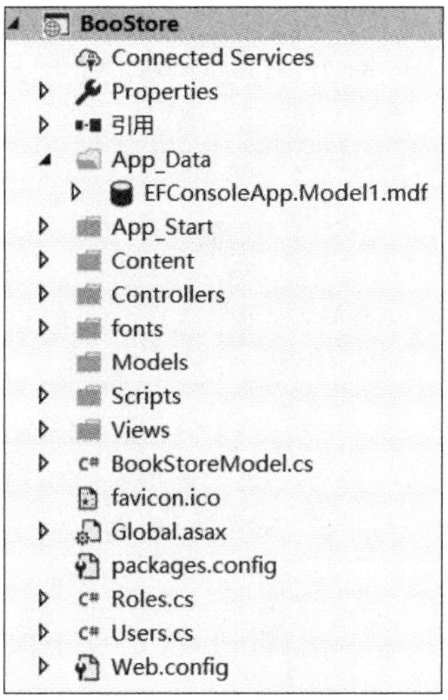

图 3.29 导入数据库后的项目

3.6.2 任务二:创建模型

要对图书管理系统进行开发,仅有角色和用户是不够的,参考 2.4.2 节中的表 2.2~表 2.8 创建图书类型、图书、购物车、订单和订单详情模型,创建模型时需要考虑模型间的关系并设置主键。

```
public class BookTypes
    {
        public BookTypes()
        {
            Books = new HashSet<Books>();
        }
        [Key]
        public int BookTypeId { get; set; }
        public string BookTypeName { get; set; }
        public string Description { get; set; }
        public ICollection<Books> Books { get; set; }
    }
public class Books
    {
        [Key]
        public int BookId{ get; set; }
        public string BookName { get; set; }
        public string Author { get; set; }
        public string  ISBN { get; set; }
        public decimal Price { get; set; }
        public string BookUrl { get; set; }
        public int BookTypeId { get; set; }
        public BookTypes bookTypes { get; set; }
    }
```

　　BookTypes 和 Books 模型是一对多的关系,因此在 BookTypes 中定义 Books 集合,在 Books 中定义 BookTypes 对象。

```
public class ShoppingCarts
    {
        [Key]
        public int CartID { get; set; }
        public int UserId { get; set; }
        public int BookID { get; set; }
        public int Number { get; set; }
        public Users Users { get; set; }
        public Books Books { get; set; }
    }
```

　　一个用户可以购买多本图书,每本图书的数量可大于 1,因此在购物车 ShoppingCarts 中定义 Users 对象和 Books 对象,并添加图书数量属性。这样,每个用户可以对应购物车表中的多条记录(即多本图书),每个图书可以添加多本。

```
public class Orders
    {
        public Orders()
        {
            OrderDetails = new List<OrderDetails>();
            State = OrderState.待付款;
        }
        [Key]
        public int OrderID { get; set; }
        public int UserId { get; set; }
        public DateTime CreateTime { get; set; }
        public decimal TotalMoney { get; set; }
        public string ReceiveUserName { get; set; }
        public string ReceivePhone { get; set; }
        public string ReceiveAdrress { get; set; }
        public OrderState State { get; set; }
        public Users Users { get; set; }
        public virtual List<OrderDetails> OrderDetails { get; set; }
    }
```

　　每个订单属于一个用户,且每个订单中有多本图书,因此在 Orders 中定义 Users 对象和 OrderDetails 集合。

```
public class OrderDetails
    {
        [Key]
        public int OrderDetailID { get; set; }
        public int OrderID { get; set; }
```

```
public int BookID { get; set; }
public int Number { get; set; }
public string Comment { get; set; }
public DateTime CommentTime { get; set; }
public virtual Orders Orders { get; set; }
public virtual Books Books { get; set; }
}
```

每条订单详情属于一个订单，对应一本图书，因此在 OrderDetails 中添加 Orders 和 Books 对象。

Orders 模型中 State 的类型定义为 OrderState 枚举类型，用于设置订单状态。

```
public enum OrderState
{
    待付款,
    待发货,
    待收货,
    评价,
    交易成功,
    取消订单,
    退货申请,
    退货待审核,
    退货待发货,
    退款成功
}
```

最后在 DbContext 上下文类中添加图书类别、图书、购物车、订单和订单详情实体。

```
public partial class BookStoreModel : DbContext
{
    public BookStoreModel()
        : base("name=BookStoreModel")
    {
    }
    public virtual DbSet<Roles> Roles { get; set; }
    public virtual DbSet<Users> Users { get; set; }
    public virtual DbSet<BookTypes> BookTypes { get; set; }
    public virtual DbSet<Books> Books { get; set; }
    public virtual DbSet<ShoppingCarts> ShoppingCarts { get; set; }
    public virtual DbSet<Orders> Orders { get; set; }
    public virtual DbSet<OrderDetails> OrderDetails { get; set; }

    protected override void OnModelCreating(DbModelBuilder modelBuilder)
    {
    }
}
```

上面的 DbContext 派生类除了构造函数和数据集外，还增加了一个虚方法
OnModelCreating()。

3.6.3 任务三：数据迁移

当添加完模型后，就需要进行数据库迁移。打开程序包管理器控制台，输入 Enable-
Migrations 命令启动迁移功能，只有第一次迁移时需要输入该命令。

输入命令 Add-Migration addbook 生成迁移文件。

```
public partial class addbook : DbMigration
    {
        public override void Up()
        {
            CreateTable(
                "dbo.Books",
                c => new
                    {
                        BookId = c.Int(nullable: false, identity: true),
                        BookName = c.String(),
                        Author = c.String(),
                        ISBN = c.String(),
                        Price = c.Decimal(nullable: false, precision: 18, scale: 2),
                        BookUrl = c.String(),
                        BookTypeId = c.Int(nullable: false),
                    })
                .PrimaryKey(t => t.BookId)
                .ForeignKey("dbo.BookTypes", t => t.BookTypeId, cascadeDelete:
true)
                .Index(t => t.BookTypeId);
            CreateTable(
                "dbo.BookTypes",
                c => new
                    {
                        BookTypeId = c.Int(nullable: false, identity: true),
                        BookTypeName = c.String(),
                        Description = c.String(),
                    })
                .PrimaryKey(t => t.BookTypeId);
            CreateTable(
                "dbo.Roles",
                c => new
                    {
                        RoleID = c.Int(nullable: false, identity: true),
```

```
                RoleName = c.String(),
            })
        .PrimaryKey(t => t.RoleID);
    CreateTable(
        "dbo.Users",
        c => new
            {
                UserId = c.Int(nullable: false, identity: true),
                Username = c.String(),
                Sex = c.String(),
                Password = c.String(),
                City = c.String(),
                Birth = c.DateTime(nullable: false),
                Phone = c.String(),
                Email = c.String(),
                Address = c.String(),
                RoleID = c.Int(nullable: false),
            })
        .PrimaryKey(t => t.UserId)
        .ForeignKey("dbo.Roles", t => t.RoleID, cascadeDelete: true)
        .Index(t => t.RoleID);
        //省略其他代码
    }
    public override void Down()
    {
        DropForeignKey("dbo.Users", "RoleID", "dbo.Roles");
        DropForeignKey("dbo.Books", "BookTypeId", "dbo.BookTypes");
        DropIndex("dbo.Users", new[] { "RoleID" });
        DropIndex("dbo.Books", new[] { "BookTypeId" });
        DropTable("dbo.Users");
        DropTable("dbo.Roles");
        DropTable("dbo.BookTypes");
        DropTable("dbo.Books");
        //省略其他代码
    }
}
```

最后执行 update-database 命令更新数据库。

执行 update-database 命令后提示"There is already an object named 'Roles' in the database.",因为当前数据库中已经存在 Users 表和 Roles 表了,所以需要将 addbook.cs 迁移文件中 Up()方法创建 Users 表和 Roles 表的对应语句删除后再次执行 update-database 命令,提交成功后的数据库如图 3.30 所示。

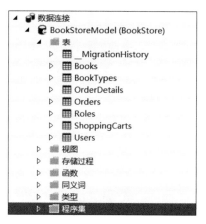

图 3.30　提交成功后的数据库

3.7　同步训练

1. 在 StudentManager 项目中使用 EF 框架生成数据库,在 Models 目录下建立两个名为 Student 和 StudentGrade 的模型,两个模型是一对多的关系,每名学生对应多个成绩,具体属性见下面两个表。

Student 模型（学生）

属 性 名	类 型	描 述
StudentID	Int	学生 ID
StudentNumber	String	学号
StudentName	String	姓名
AdmissionTime	DateTime	入学时间
ClassEnum	String	年级

StudentGrade 模型（学生成绩）

属 性 名	类 型	描 述
StudentGradeID	Int	成绩 ID
StudentNumber	String	学号
Record	Int	分数

2. 在 Models 目录下创建数据库操作类 StudentDb,该类继承 DbContext,在该类的构造方法中定义名为 StudentConn 的数据库连接字串和两个数据表的实体集。

3. 在 Web.config 文件中添加名为 StudentConn 的数据库连接字串,要求数据库名为 StudentDB。

第 4 章

控　制　器

本章导读：

MVC 模式中的控制器（Controller）主要负责响应用户的输入，并且在响应时修改模型（Model）。通过这种方式，MVC 模式中的控制器主要关注的是应用程序流、输入数据的处理，以及对相关视图（View）输出数据的提供。

到达应用程序的每个请求都是由控制器处理的，只要不偏离属于模型和视图职责的领域，控制器就可以以它认为合适的方式自由地处理请求。控制器主要负责接收和解释输入，并更新任何需要的数据类（模型），然后通知用户进行修改或更新程序。

在 ASP.NET MVC 框架中，控制器是含有请求处理逻辑的.NET 类，控制器的作用是封装应用程序逻辑，这意味着控制器要负责处理输入请求、执行域模型上的操作，并选择渲染给用户的视图。

本章要点：

本章首先介绍控制器及创建控制器的方法，然后重点介绍如何使用控制器方法接收输入参数，控制器中常用的动作过滤器，以及控制器的返回类型，最后在项目实践中完成用户管理模块、登录注册功能，虽然目前还没有涉及视图相关内容，但仍然可以使用原始的 HTML 标签完成页面搭建。

4.1　控制器介绍

过去的 Web 服务器支持访问以静态文件存储在磁盘上的 HTML 页面，随着动态网页的盛行，Web 服务器也支持由存储在服务器上的动态脚本生成的 HTML 页面。MVC 则略有不同，URL 首先告知路由机制（后面章节介绍）实例化哪个控制器，调用哪个操作方法，并为该方法提供需要的参数，然后控制器的方法决定使用哪个视图，并对该视图进行渲染。

URL 与存储在 Web 服务器磁盘上的文件并没有直接对应的关系，而是与控制器类的方法有关。ASP.NET MVC 对 MVC 模式中的前端控制器进行了改进，当访问一个地址时，先调用路由子系统，之后才是控制器。

理解 MVC 模式在 Web 场景中的工作原理的简便方法是记住——MVC 提供的是方法调用结果，而不是动态生成的（又名脚本）页面。

控制器的创建分为两种类型：一种是可以实现 IController 接口，以创建所需要的各种请求处理和结果生成，可以把事情掌握在自己手中，并编写更好、更快且更雅致的请求处理方式,同时也可以通过 System.Web.Mvc.Controller 类派生控制器。

4.1.1　用 IController 创建控制器

在 MVC 框架中,控制器类必须实现 System.Web.Mvc 命名空间的 IController 接口,如下面的代码所示。

```
public interface IController
{
    void Execute(RequestContext requestContext);
}
```

这是一个很简单的接口,唯一的方法 Execute()在请求以控制器类为目标时被调用。MVC 框架通过读取由路由数据生成的 Controller 属性值,或者通过自定义路由类,便会知道请求的目标是哪一个控制器。

虽然通过实现 IController 可以创建控制器类,但这是一个相当低级的接口,因此必须做大量的工作,才能让事情变得有用。但是,IController 接口很好地演示了控制器是如何操作的,例如在 Controllers 文件夹中创建了一个新的名为 BasicController 的类文件,代码如下:

```
public class BasicController : IController
{
    public void Execute(RequestContext requestContext)
    {
        string controller = (string)requestContext.RouteData.Values
["controller"];
        string action = (string)requestContext.RouteData.Values["action"];
        requestContext.HttpContext.Response.Write(
        string.Format("Controller: {0}, Action: {1}", controller, action));
    }
}
```

IController 接口的 Execute()方法被传递给 System.Web.Routing.RequestContext 对象,它提供关于当前请求和匹配路由的信息(导致控制器被调用去处理请求)。RequestContext 类定义了两个属性: HttpContext 返回一个描述当前请求的 HttpContextBase 对象;RouteData 返回一个描述匹配请求的路由的 RouteData 对象。RouteData 中有几个比较重要的属性: Route 返回匹配路由的 RouteBase 实现;RouteHandler 返回处理路由的 IRouteHandler;Values 返回按名称索引的片段值的集合。

如果运行该应用程序,并导航到～/basic/index,便可以看到此控制器生成的输出,如图 4.1 所示。

实现 IController 接口能够创建一个类,MVC 框架会将其视为一个控制器,并将请求发送给它,而且在如何处理和响应请求上没有任何限制,但用这种方式编写一个复杂的应用程序是相当困难的,因此本书不做过多介绍,这里主要讲解派生于 Controller 抽象类的控制器。

图 4.1　程序运行结果

4.1.2　派生于 Controller 的控制器

上面使用接口 IController 创建一个自定义 Controller,远远达不到真正的 Controller 的功能要求,要实现一个真正的 Controller,全自己实现还有很多工作要做。其实 ASP.NET MVC 框架还提供了一个抽象类 Controller,这个抽象类不仅继承了接口 IController,还提供了下面三大特性。

- 动作方法(Action Method):一个控制器的行为被分解成多个方法(而不是只有一个单一的 Execute()方法)。每个动作方法被暴露给不同的 URL,并通过从输入请求提取的参数进行调用。
- 动作结果(Action Result):每个动作可以返回一个描述动作结果的对象(例如,渲染一个视图,或重定向到一个不同的 URL 或动作方法),然后通过该对象实现目的。这种指定结果和执行它们之间的分离简化了单元测试。
- 过滤器(Filter):可以把可重用的行为(例如后面要讲的认证)封装成过滤器,然后通过在源代码中放置一个注解属性的办法,把这种行为标注到一个或多个控制器或动作方法上。

除非有一个非常明确的需求,否则创建控制器最好的办法是通过抽象类 Controller 进行派生,可以在解决方案中的 Controller 目录上右击,从弹出的快捷菜单中选择 Add (添加)→Controller(控制器)菜单项。作为 Controller 类的一个派生类,所要做的工作是实现动作方法、获取所需要的各种输入,以对请求进行处理,并生成一个适当的响应。

派生类包含多个方法,这些方法中声明为 public 的被当作动作(Action),可以通过这些 Action 接收网页请求并决定应用的视图(View)。当根据请求选取 Controller 中的 Action 时,默认会应用反射机制找到相同名字的方法,这个过程就是动作名称选择器,选择查找过程对 Action 的名称字母大小写不进行区分。

4.2　控制器的创建和数据请求

在 ASP.NET MVC 网站中,所有的 Controller 类都会放置于 Controllers 目录之下,而且所有 Controller 类在命名时都必须加上 Controller 字尾。例如,在 One ASP.NET

模板选择添加 MVC 项目后，可以看到默认 Controllers 目录下有一个默认 HomeController 类。

4.2.1　创建控制器

下面开始创建一个派生于 Controller 抽象类的控制器，在解决方案资源管理器中右击 Controllers 文件夹，从弹出的快捷菜单中选择"添加"→"控制器"，如图 4.2 所示。

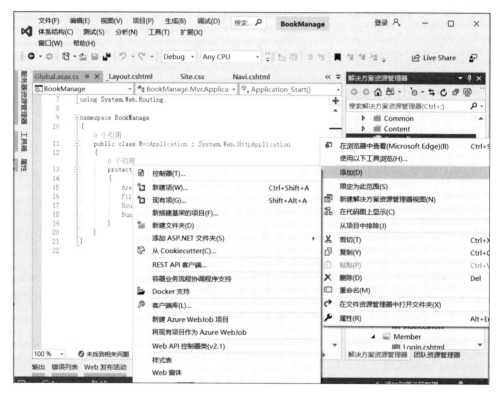

图 4.2　添加控制器菜单

单击控制器上下文菜单后，弹出添加控制器基架页面，如图 4.3 所示。

添加基架的对话框中提供的几种不同的控制器模板，可以帮助开发人员提高开发速度。下面针对 ASP.NET MVC 相关的控制器基架进行简单介绍。

1. 空 MVC 控制器

默认的模板（空 MVC 控制器）最简单，没有提供任何定制化的选项，不包含任何配置，仅是创建一个带有控制器名和一个 Index 操作的控制器。

以下代码即为使用"空 MVC 控制器"模板创建的名为 HelloController 的控制器类，其中只包含一个 Index 操作，同时并没有新的 View 被创建。

```
public class HelloController : Controller
{
    public  ActionResult Index()
    {
```

```
            return View( );
        }
    }
```

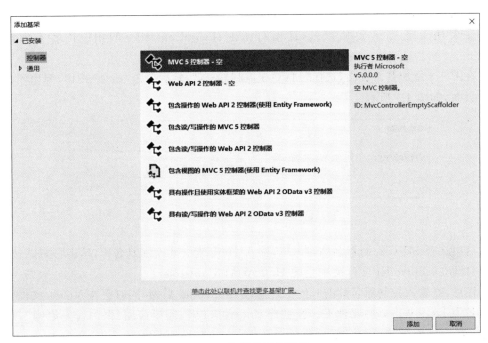

图 4.3　选择控制器基架

2. 包含视图的 MVC 5 控制器（使用 Entity Framework）

"包含视图的 MVC 5 控制器（使用 Entity Framework）"模板名副其实，此模板可以帮助开发人员生成访问 EF 对象的代码，并为这些对象生成 Index、Create、Edit、Details和 Delete 视图。

选择使用本模板后，基架对话框中需要进行以下配置。

模型类：模型类下拉列表中将列出项目当前所识别的所有 Model 类，如果添加的 Model 类此时未列出，则先编译项目后，再使用本功能可更新模型类列表。

数据上下文：为 DbContext 的派生类，该类中包含上面模型类的 DbSet 数据集。

使用异步控制器操作：默认不选中该项，生成的控制器方法返回为 ActionResult 类型，否则生成的控制器方法返回为 Task＜ActionResult＞类型。

生成视图：选中该项会在 Views 文件夹下对应的控制器目录中生成除 Index.cshtml外，该模型对应的 Create.cshtml、Delete.cshtml、Details.cshtml、Edit.cshtml 视图。

使用布局页：选中使用项目默认视图。

3. 包含读/写操作的 MVC 控制器

使用"包含读/写操作的 MVC 控制器"创建 Controller 时，基本规律与使用"包含视图的 MVC 控制器（使用 Enity Framework）"一致，但各个 Action 中的实际功能代码没有自动创建。同时，没有名为 DeleteConfimed 的 Action，改为创建了使用 HttpPost 修饰的第二个 Delete 的同名 Action。

4. 其他控制器

此外,还有"空 API 控制器""包含读/写操作控制器和视图的 API 控制器(使用 EntityFramework)"和"包含空的读/写操作的 API 控制器"3 种控制器,这些控制器并不主要用于向 View 返回数据,这里对派生自 ApiController 的相应内容不做详细介绍。

在图 4.3 添加基架页面,选择"MVC 5 控制器-空",然后单击"添加"按钮,弹出添加控制器页面,如图 4.4 所示。

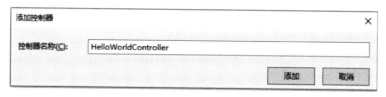

图 4.4　修改 Controller 名称

这里选择 MVC 控制器名称输入框,输入 HelloWorld 控制器名称,单击"添加"按钮,将会自动在 Controller 文件夹中生成 HelloWorldController。

注意,在输入控制器名称的时候不要修改 Controller 后缀,同时会在 Views 文件夹下创建名为 HelloWorld 的文件夹。在创建 Controller 时,需要应用"惯例优先原则",对于 Controller 而言,需要注意的惯例包括:

(1) Controller 必须放在 Controllers 文件夹内。

(2) Controller 的类名必须以"Controller"字符串为结尾。

在 IDE 中打开该文件,如图 4.5 所示。

下面对 HelloWorld 控制器进行简单的修改:

```
public class HelloWorldController : Controller
{
    //GET: /HelloWorld/
    public string Index()
    {
        return "This is my <b>default</b> action...";
    }
    //GET: /HelloWorld/Welcome/
    public string Welcome()
    {
        return "This is the Welcome action method...";
    }
}
```

示例中,控制器的类名为 HelloWorldController,继承于 Controller 抽象类,上述第一个方法为 Index(),返回类型为 string,运行程序,从浏览器中调用它。

运行该应用程序(按 F5 键或按 Ctrl+F5 组合键),在浏览器中将 HelloWorld 添加到

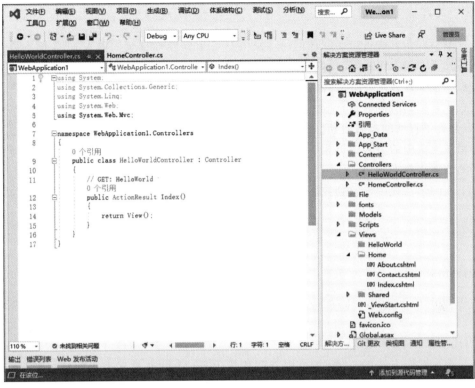

图 4.5 HelloWorldController 类

地址栏上的路径后面。

例如，地址为 http://localhost：5489/HelloWorld，运行效果如图 4.6 所示。

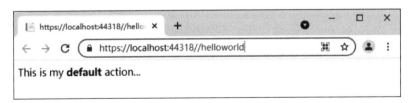

图 4.6 Index()方法返回的视图效果

页面在浏览器中直接返回一个字符串，将地址栏中的地址修改为 http://localhost：xxxx/helloworld/welcome，运行效果如图 4.7 所示。

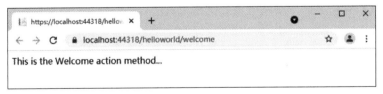

图 4.7 welcome 运行效果

4.2.2　处理输入数据

控制器操作方法可以访问任何通过使用 HTTP 请求而提交的输入数据,输入数据可以从各种来源检索,包括表单数据、查询字符串、Cookies、路由值和提交文件。

控制器操作方法的签名是随意的,如果定义了不带参数的方法,就需要自己负责以编程方式检索代码所需的任何输入数据。如果将参数添加到方法签名中,那么 ASP.NET MVC 会提供自动的参数解析。尤其是 ASP.NET MVC 会尝试将正式参数的名称与请求作用域字典中的命名成员相匹配,请求作用域字典会将来自查询字符串、路由、提交表单等的值连接起来。

下面演示从视图传递到控制器的几种方法,假如视图有如下表单:

```
<form action="/Home/GetValue" method="post">
    <input type="text" name="UserName" placeholder="输入姓名"/>
    <input type="submit" name="Submit" value="提交"/>
</form>
```

在 HomeController 中添加 GetValue()方法获取输入数据。有以下 5 种获取数据的方法。

1. 通过 Request 读取输入数据

在编写操作方法的主体时,可以访问传给 Request 对象及其子集的任何数据,这些 Request 对象及子集包括 Form、Cookies、ServerVariables 和 QueryString。在控制器方法的输入参数方面,ASP.NET MVC 提供了相当有吸引力的工具(如模型绑定器),使代码更干净、简洁,易于测试。话虽如此,但依然可以编写旧样式的基于请求的代码,如下所示。

```
[HttpPost]
public ActionResult GetValue()
{
    string userName = Request.Params["UserName"];
    return View();
}
```

在 ASP.NET 中,Request.Params 字典产生于 4 个不同字典的组合,即 QueryString、Form、Cookies 和 ServerVariables。也可以使用 Request 对象的 Item 索引器属性,它会提供一样的功能,并按以下顺序在字典中搜索匹配项:QueryString、Form、Cookies 和 ServerVariables。

下面的代码完全等同于刚刚所示的代码:

```
[HttpPost]
public ActionResult GetValue()
{
    string userName = Request["UserName"];
    return View();
}
```

注意,对匹配项的搜索是不区分大小写的。

2. 通过 FormCollection 读取数据

FormCollection 用来在 Controller 中获取页面表单元素的数据。它是表单元素的集合,包括<input type="submit" />元素。使用方法如下所示:

```
[HttpPost]
public ActionResult GetValue(FormCollection form)
{
    string userName= form["UserName"];
    return View();
}
```

FormCollection 与 Request 比较有以下优点。

首先,Action 进行单元测试时,使用 FormCollection 作为输入参数,比 Request.Form 简单,书写 var form = new FormCollection()即可模拟一个 FormCollection,使用 form.Add("fieldName","fieldValue")可以添加测试数据。

其次,ASP.NET MVC 在进行模型绑定时,会将用户输入绑定到 FormCollection 中,默认情况下,FormCollection 中的内容与 Request.Form 一致,但是当自定义 ModelBinder 时,会影响 FormCollection 的取值,而 Request.Form 不会影响。这样,如果在自定义 ModelBinder 时依旧使用 Request.Form,自定义 ModelBinder 就毫无用处。

需要注意的是,通过 Request.Form 和 FormCollection 获取数据时,视图上所有的 input 控件的 name 属性都需要设置值。

3. 通过动作参数读取数据

跟以前用到的方法一样,动作方法也可以采用一些参数。这是一种比通过对象手工提取数据更灵活的接收输入数据的办法,这使动作方法更易于阅读。

例如,可以在操作方法 GetValue()上添加一个 String 类型的 userName 参数,以实现获取请求传来的字符串值。当这个方法被调用时,ASP.NET MVC 可以自动将名为 UserName 的查询字符串或者表单提交参数传递给操作方法 GetValue()。

代码如下所示:

```
[HttpPost]
public ActionResult GetValue(string userName)
{
    string userNameString= userName;
    return View();
}
```

4. 从路由中获取输入数据

在 ASP.NET MVC 中,通常会通过 URL 提供输入的参数,这些值由路由模块捕获,并可供应用程序使用,路由值不通过 Request 对象向应用程序公开。路由数据是通过 Controller 类的 RouteData 属性公开的。同样,对匹配项的搜索不区分大小写。

RouteData.Values 字典是一个字符串/对象字典。大多数时候,该字典只包含字符串。但是,如果以编程方式填充该字典(如通过自定义路由处理程序),它就可以包含其他类型的值。

例如,考虑下面的路由:

```
routes.MapRoute(
    name: "ParamRoute",
    url: "Param/{data}",
    defaults: new { controller = "Home", action = "GetValue", id = UrlParameter.
Optional }
);
```

对于该路由来说,https://ip:port/Param/ParamValue 是一个有效的 URL,下面显示从控制器的 GetValue()方法中获取数据:

```
public ActionResult GetValue()
{
    string data= RouteData.Values["data"].ToString();
    ...
}
```

局部变量 data 获取到的数据为 ParamValue。

5. ValueProvider 字典

在 Controller 类中,ValueProvider 属性只会为从各种来源收集到的输入数据提供单个容器。默认情况下,ValueProvider 字典由来自下列源的输入值填充。

• 子操作值

输入值由子操作方法调用提供,子操作是对来源于视图的控制器方法的调用。当视图回调控制器以获取额外数据或要求执行一些可能会影响正在提交的输出的特殊任务时,就会发生子操作调用。

• 表单数据

输入值由提交的 HTML 表单中所输入字段的内容提供。该内容与通过 Request. Form 获得的内容相同。

• 路由数据

输入值由与当前所选路由中定义的参数相关联的内容提供。

• 查询字符串

输入值由当前 URL 的查询字符串中指定的参数内容提供。

• 提交的文件

输入值在当前请求的上下文中通过 HTTP 提交的文件表示。

ValueProvider 字典提供了一个以 GetValue()方法为中心的自定义编程接口,GetValue()不会返回 String 或 Object 类型。相反,它会返回 ValueProviderResult 类型的一个实例。该类型有两个用于实际读取真实参数值的属性:RawValue 和 AttemptedValue。RawValue 是 Object 类型,包含由来源提供的原始值。AttemptedValue 属性却是一个字符串,使用方法如下所示:

```
[HttpPost]
public ActionResult GetValue()
{
    string userName = ValueProvider.GetValue("UserName").AttemptedValue;
    return View();
}
```

对于参数名称,ValueProvider 比 Request 和 RouteData 的要求更高一些,如果参数的大小写输入错误,则会得到一个从 GetValue()返回的 null 对象。如果之后只是读取值而不检查为空的结果对象,就会导致一个异常。

4.3 常用的动作过滤器

当 URL 请求经过路由开始进入 ASP.NET MVC 处理程序时,处理程序会初始化 Controller 类,Controller 类最后会调用 Controller.CreateActionInvoker()方法并准备进入 Action 方法,但其实在进入 Action 方法之前与离开 Action 方法之后,还要进行好几层的处理。

ASP.NET MVC 5 提供了 4 类 Action Filters、Authorization Filter(授权过滤器)、Action Filter(动作过滤器)、Result Filter(结果过滤器)、Exception Filter(例外过滤器)。

每种 Action Filters 都能有 Action、Controller、Global 3 种运行层级。

Action 层级:将 Action Filters 设置到某个 Action 方法上,也就是此 Action Filters 会按设计仅在特定的 Action 方法之前或之后执行。

Controller 层级:将 Action Filters 设置到 Controller 上,那么影响范围会是此 Controller 之内的所有 Action 方法。

Global 层级:通过注册动作,将 Action Filters 注册到 GlobalFilterCollection 字典类中,它的影响是整个 ASP.NET MVC 应用程序。

另外,如果 Action 或 Controller 层级设置了多个相同的 Filter,默认由上而下执行,也可以使用 Order 属性调整执行顺序。例如,Action 层级套用 3 个 Action Filter。

```
[Filter1(Order=2)]
[Filter2(Order=3)]
[Filter3(Order=1)]
public ActionResult GetValue(string name){ }
```

执行顺序是 Filter3、Filter1、Filter2。

4.3.1 ActionName 验证

重命名操作可以通过派生于基类 ActionNameSelectorAttribute 的特性处理。操作名称选择的最常见用法是通过 ASP.NET MVC 框架附带的 ActionName 特性。该特性允许用户指定一个替代名称,并将指定的替代名称直接附加到操作方法本身。ActionName 特性对一个操作方法来说不是必需的,这里有一个隐式的规则,如果不使用该特性,操作方法的名称就是操作的名称。

当 ActionInvoker 选取 Controller 中的 Action 时,会默认应用反射机制找到相同名字的方法,这个过程就是动作名称选择器(ActionName Selector)运作的过程,这个选择查找过程对 Action 的名称字符大小写不进行区分,HomeController 中的 Index 动作在客户端发来请求的 URL 中,"Index"字母的大小写结果都一样,动作名称选择器将直接调用 Index()方法。

有时,为了清楚地表达方法用意,程序代码方法的命名会使用较长的名称,但 Action 方法是让用户端调用的,较长的命名在 URL 的呈现上可能没有那么好,这时可以利用 ActionName 属性帮 Action 方法增加一个别名。或者若需要修改已完成方法的 Action 名称,但并不想修改原始代码,则可对 Action 对应的方法使用 ActionName 属性进行修饰,添加 ActionName 代码如下:

```
[ActionName("NewIndex")]
public  ActionResult Index()
{
    return View();
}
```

修改后,原有的名为 Index 的 Action 实际上并不存在,改为一个名称为 NewIndex 的 Action,并且在调用此 Action 时,ASP.NET MVC 对应的默认视图也将查找"Views/ Home/NewIndex.cshtml",原来名为 Index 的 View 将不再起作用。

需要注意的是,通过此方法修改 Action 名称可能导致多个方法对应同一个 Action 名称,此错误不会在编译时被发现,仅在运行时请求对应 Action 才引发异常。如下例所示代码将引发"对控制器类型 HomeController 的操作 NewIndex 的当前请求在下列操作方法之间不明确"的异常。

```
public class HomeController : Controller
{
    [ActionName("NewIndex")]
    public  ActionResult Index()
    {
        return View();
    }

    [ActionName("NewIndex")]
    public  ActionResult About()
    {
        return View();
    }
}
```

因此,使用 ActionName 属性之后,用户端调用(无论是 URL 还是 View)都必须以 ActionName 属性指定的名称为主,这样就能同时保留开发上的习惯与使用上的便利。

4.3.2 NonAction 验证

操作方法选择器对开发人员来说是一个强大的工具,在系统寻找可以处理请求的控制器方法的初步阶段,方法选择器会指明指定方法是否有效。很明显,这类选择器会基于某些运行时条件确定其响应。

NonAction 特性用来阻止修饰的方法处理当前操作,如果开发者开发了一个 Action 方法但还没有最终发布,且并不想让用户端调用,则可以为此 Action 方法加上 NonAction 属性,下面是其应用代码:

```
[NonAction]
public ActionResult PrivateAction()
{
    ...
}
```

当用户端调用此 Action 方法时,会得到 HTTP 404 错误。另外,将 public 修饰词修改为 private 的作用等同于 NonAction 属性。

在开发上,如果真使用到 NonAction 属性,就要好好思考关注点分离的概念,这个 Action 方法是否真得适合放在这个 Controller 里。

4.3.3 ChildActionOnly 验证

ChildActionOnly 筛选器是将一个操作方法标记为仅能作为子操作在呈现操作运行期间执行的方法。一般情况下,Controller 里所有属性为 public 的且没有添加 NonAction 筛选器的方法都能通过 URL 调用。但有些情况下,部分方法不允许用户从 URL 进行调用,例如视图中的 PartialViewResult,只有部分内容不适合让用户从 URL 调用。类似情况会使得把这类让 View 调用的 Action 方法的属性设置为 ChildActionOnly。

```
[ChildActionOnly]
public ActionResult ChildAction()
{
    return Content("这只是个内部动作");
}
```

运行程序后,当使用 URL 直接请求"/Default/ChildAction"时,会出现错误提示信息,如图 4.8 所示。

ChildAction()方法限制只能由其他 View 发出的请求,不能独立响应 HTTP 请求。在 View 中使用 Html.RenderAction()辅助方法如下:

```
</div>
    @{Html.RenderAction("ChildAction","Default");}
</div>
```

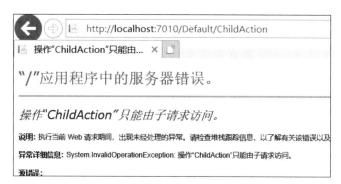

图 4.8   添加 ChildActionOnly 筛选器后的运行效果

4.3.4   RequireHttps 验证

由于一些情况特别需要使用 HTTPS 安全连接,因此可以在 Action 方法上指定 RequireHttps 属性。例如,登录页面、信用卡刷卡页面等,如果用户端使用一般 HTTP 连接时,那么 RequireHttps 属性会调用 HandleNonHttpsRequest()方法,该 Action 方法会发出 302 重定向的请求,将请求自动重定向到同名 Action 方法的 HTTPS 连接。

设置 RequireHttps 属性的 Action 方法不允许其他 HTTP GET 的请求,不然会引发 InvalidOperationException 异常,使用方法如下面代码所示。

```
[RequireHttps]
public ActionResult Login()
{
    return View();
}
```

4.3.5   ValidateAntiForgeryToken 验证

ValidateAntiForgeryToken 属性用来预防 CSRF(Cross-Site Request Forgery)攻击,主要就是识别窗体的数据源是来自自己网站里的窗体,而不是其他来源。

可以参考 MVC 模板中 AccountController 的 Register、Login 等有安全性考虑的窗体的 HTTP POST 方法,在动作上设置 ValidateAntiForgeryToken 属性。

```
[HttpPost]
[AllowAnonymous]
[ValidateAntiForgeryToken]
Public async    Task < ActionResult >  Login  (LoginViewModel  model, string
returnUrl)
{
}
```

在 View Page 中还要设置@Html.AntiForgeryToken()辅助方法,用以产生随机的 Token 值。

```
@using (Html.BeginForm("Login","Account",…))
{
    @Html.AntiForgeryToken()
    @* 省略 *@
}
```

ASP.NET MVC 会在 View Page 随机产生一个 Token 值并随着窗体返回,而设置了
ValidateAntiForgeryToken 属性的 Action 方法会先验证 Token 的正确性,如果不正确,
将不会接受这次 HTTP POST 的请求。

4.3.6　Authorize 验证

MVC 5 通过身份验证过滤器,为这个问题提供了一个整洁的解决方案。为了支持为
单独的控制器或操作使用不同的身份验证方法,可以应用一个身份验证过滤器特性,这样
就只有该控制器或操作会使用这个过滤器特性。

MVC 5 没有为 IAuthenticationFilter 接口包含基类,也没有实现该接口。所以,如果
要支持对单独操作或单独控制器进行身份验证,就需要了解如何实现该接口。

```
[AllowAnonymous]
public ActionResult Index()
{
    return View();
}
[Authorize]
public ActionResult GetValue()
{
    return View();
}
```

本例中的 Index() 方法允许匿名登录,而 GetValue() 则需要登录后才能访问。当然,
只有两个验证注解还不能实现该功能,具体使用方法将会在认证授权章节详细介绍。

4.4　Action 返回类型

控制器在完成一个请求的处理之后,通常需要生成一个响应。例如,如果想发送一个
HTML 响应,那么必须创建并装配 HTML 数据,并用 Response.Write() 方法把它发送到
客户端。类似地,如果想将用户浏览器重定向到另一个 URL,则需要调用 Response.
Redirect() 方法,并直接传递感兴趣的 URL。而实现 IController 接口或者派生于
Controller 抽象类的实体类则可以在 Execute() 方法中调用 Response.Write() 方法或
Response.Redirect() 方法完成客户端的响应,但该方法会使控制器难以阅读和维护。

幸运的是,MVC 框架有一个很好的特性可以解决这些问题,这个特性叫作"动作结
果(Action Result)"。MVC 框架通过使用动作结果把指明意图与执行意图分离开。不是
直接使用 Response 对象,而是返回一个派生于 ActionResult 类的对象,它描述控制器响

应要完成的功能。例如,渲染一个视图、重定向到另一个 URL 或动作方法等,但这是间接发生的,不直接生成响应。相反,在动作方法被执行后,创建 MVC 框架处理的 ActionResult 对象以产生结果。

当 MVC 框架从动作方法接收到一个 ActionResult 对象时,MVC 框架首先调用由这个对象定义的 ExecuteResult()方法,然后在该动作结果的实现中处理 Response 对象,生成符合意图的输出。

MVC 框架含有许多内建的 ActionResult 类型,见表 4.1。所有这些类型都派生于 ActionResult,其中不少类型在 Controller 类中有便利的辅助器方法。在后面将演示如何使用这些结果类型。

表 4.1　内建的 ActionResult 类型及说明

动作结果的类型	说　　　明	辅 助 方 法
EmptyResult	代表一个空值或空的响应,不进行任何操作	None
ViewResult	返回指定的或默认的视图模板	View
ContentResult	将指定的内容作为文本直接写入响应中	Content
RedirectResult	将用户重新定向到给定的 URL 中	Redirect RedirectPermanent
RedirectToRouteResult	将用户重新定向到通过路由选择参数指定的 URL 中	RedirectToAction RedirectToActionPermanent RedirectToRoute RedirectToRoutePermanent
PartialViewResult	与 ViewResult 相似,除了没有将局部视图呈现给响应之外,通常会响应 Ajax 请求	PartialView
FileResult	用作一组结果的基类,这组结果将二进制的响应编写到流中。这对于将文件返回给用户非常有用	File
HttpUnauthorizedResult	将响应的 HTTP 状态码设置为 401("未授权"),将引发当前的认证机制(表单认证或 Windows 认证)要求访问者进行登录	None
HttpNotFoundResult	返回一个 HTTP 的"404—未找到"错误	HttpNotFound
JsonResult	串行化提供到 JSON 中的对象,并将 JSON 写入响应中	Json
JavaScriptResult	用于在客户机上立刻执行来自服务器的 JavaScript 代码	JavaScript

4.4.1　EmptyResult

EmptyResult 用来指明架构不做任何事情。这遵循的是常见的设计模式,称作 Null Object 模式,它将通过一个实例替换空的引用。在下面的实例中,ExecuteResult()方法具有一个空的实现。

```
public ActionResult Index( )
{
    return new EmptyResult( );
}
```

既然是 EmptyResult，就不需要有一个视图文件和 Index（ ）方法名对应。
EmptyResult 运行效果如图 4.9 所示。

可以看到浏览器显示的是空的页面，查看一下源代码，发现也是空的。Empty 既然是空的，那么它有什么用呢？这个 EmptyResult 可以说起到一个中转的作用，起到适配器的作用，如果有些请求只是要求统计一下数量并不需要显示页面，则这个 Empty 就起到了作用。

图 4.9　EmptyResult 运行效果

4.4.2　ViewResult

ViewResult 是最广为使用的动作结果类型。它调用 IViewEngine 实例的 FindView（ ）方法，返回 IView 的一个实例。随后，ViewResult 调用 IView 实例上的 Render（ ）方法，它将呈现响应的输出。一般来说，这将把指定的视图数据（即动作方法准备显示在视图中的数据）融入一个模板中（该模板将对被显示的数据进行格式化）。ViewResult 包含多个重载，下面介绍较为常用的几个。

- View（ ）

View（ ）方法的重载将返回一个具有空 ViewName 属性的 ViewResult 对象，ViewName 默认为方法名称。

```
public ActionResult About( )
{
    return View( );
}
```

- View（object model）

参数 model 类型：System.Object 视图呈现的模型。

```
public ActionResult About( )
{
    List< string> list = new List< string> ( );
    list.Add("1");
    list.Add("2");
    list.Add("3");
    return View(list);
}
```

- View（string viewName）

参数 viewName 类型：System.String，为响应呈现的视图的名称。

```
public ActionResult About( )
```

```
{
    return View("About");
}
```

• View(IView view)

参数 view 类型：System. Web. Mvc. IView 为响应呈现的视图。返回值类型：System.Web.Mvc.ViewResult。

```
public ActionResult Index()
{
    ViewBag.Title = "Home Page";
     IView viewInstance = new RazorView(ControllerContext, "~/Views/Home/
About.cshtml", null, false, null);
    return View(viewInstance);
}
```

• View(string viewName，object model)

参数 viewName 类型：System. String 为响应呈现的视图。参数 model 类型：System.Object 视图呈现的模型。

```
public ActionResult About()
{
    List<string> list = new List<string>();
    list.Add("1");
    list.Add("2");
    list.Add("3");
    return View("Index",list);
}
```

• View(string viewName，string masterName)

参数 viewName 类型：System.String 为响应呈现的视图的名称。

参数 masterName 类型：System. String 在呈现视图时要使用的母版页或模板的名称。

4.4.3 ContentResult

ContentResult 将其指定的内容(通过 Content 属性)写入响应中。此外,这个类还支持指定内容的编码(通过 ContentEncoding 属性)及内容类型(通过 ContentType 属性)。

如果没有指定编码,就使用对当前 HttpResponse 实例的内容编码。HttpResponse 的默认编码是在 Web.config 的全局化元素中指定的。

同样,如果没有指定内容类型,则使用当前 HttpResponse 实例上的内容类型设置。HttpResponse 默认的内容类型是"text/html"。

如果是 html 内容,输出的结果就会被解析,但是,需要注意的是,JavaScript 脚本也会被执行。那么,这个 ContentResult 就是这个效果,同样,在使用 ContentResult 的时候也不需要对应的 View,这个返回值和下面的两句话可以说是对等的。

```
Response.Write("内容");
Response.End();
```

下面看一个例子,修改 Index 的代码如下:

```
public ActionResult Index()
{
    //return Content("你好啊 ContentResult");
    //return Content("<script>alert('你好啊 ContentResult')</script>");
    return Content("<font color='red'>你好啊 ContentResult</font>");
}
```

先看一下程序运行效果,然后分别取消注释,看结果又是什么。提示,注意查看运行后的源码。

当然,这里也有一点小技巧,如果在使用 Ajax 异步请求时返回的值是 text 类型的,那么可以使用 ContentResult 返回类型。

从上面看到使用的是 Controller 提供的 Content 返回类型方法,下面看一下这个方法的定义。

```
protected internal ContentResult Content(string content);
protected internal ContentResult Content(string content, string contentType);
protected internal virtual ContentResult Content (string content, string contentType, Encoding contentEncoding);
```

可以看到,这个方法被重载了 3 次,作用都是一样的。第一个方法这里就不再讲解了;第二个方法多了一个参数 contentType,用来说明输入内容的格式;大家可以查看一些 MIME 类型,但是注意不是所有的 MIME 类型都被这个方法所支持,这个方法仅支持一些表示文本的 contentType,如"text/html""text/plain""text/xml"等;第三个方法只是声明一下内容的编码而已。

4.4.4　RedirectResult

RedirectResult 将执行重新指向指定 URL 的 HTTP(通过 Url 属性设置)。从内部讲,该结果调用 HttpResponse.Redirect()方法,将 HTTP 状态码设置为 HTTP/1.1 302 Object Moved,导致浏览器立刻发送一个对指定 URL 的新请求。

从技术角度讲,只是直接调用动作方法中的 Response. Redirect,但是使用 RedirectResult 将该动作推迟到动作方法完成其工作之后。这在对动作方法进行单元测试时非常有用,而且帮助保持底层的架构细节位于动作方法外部。

```
public class HomeController : Controller
{
    public ActionResult Index()
    {
```

```
        //当然,也可以跳转到其他网站上,这是必需的
        //return Redirect(http://www.cnblogs.com);
        return Redirect("/Home/About");
    }
}
```

运行程序,在浏览器中输入"/Home/Index",将自动跳转到 About 页面,预览结果如图 4.10 所示。

图 4.10   Redirect 调用示例

可以看到,我们预览的是 Index,但是由于 Index 中使用了 Redirect()方法,返回的却是 RedirectResult,所以跳转到了 About。那么,Controller 中提供的 Redirect()方法是专门针对 RedirectAction()的,下面看一下这个方法的定义。

```
protected internal virtual RedirectResult Redirect(string url);
```

Redirect()方法的汇总参数 url 就是要重定向到的 URL 地址,这个方法的作用等同于 Response.Redirect()方法。

4.4.5   RedirectToRoute

执行 HTTP 重定向的方式与执行 RedirectResult 的方式一样,但是不同的是,没有直接指定一个 URL,这一结果使用路由选择的 API 确定重定向的 URL。

注意,目前有两种方便的方法(如下面定义的):RedirectToRoute( )和 RedirectToAction(),这两个方法将返回该类型的结果。

```
public ActionResult RedirectRouteResult()
{
    return RedirectToRoute("Default", new { controller = "Home", action =
"Index"});
}
```

4.4.6   PartialViewResult

除了返回视图之外,操作方法也可以通过 PartialView( )方法以 PartialViewResult 的形式返回分部视图。下面是一个例子:

```
public ActionResult ShowPartialView()
{
    ViewBag.Message = "分部视图";
    return PartialView("ViewName");
}
```

上面例子中渲染的是视图 ViewName.cshtml,但是如果布局是由_ViewStart.cshtml 页面指定(而不是直接在视图中)的,将无法渲染布局。除了不能指定布局之外,分部视图

看起来和正常视图没有分别,在使用 Ajax 技术进行部分更新时,分部视图是很有用的,后面的章节中将会详细介绍。

4.4.7　FileResult

FileResult 除用于将二进制内容(例如,磁盘上的 Microsoft Word 文档或来自 SQL Server 中 binary 列的数据)写入响应中之外,还非常类似于 ContentResult。设置结果上的 FileDownloadName 属性将设置 Content-Disposition 题头的适当值,这导致一个文件下载对话框出现在用户面前。

注意,FileResult 是一个抽象基类,用于如下 3 个不同的文件结果类型。

- FilePathResult
- FileContentResult
- FileStreamResult

不过,这 3 个文件结果类型基本用法都一样,都用来下载文件。使用方法通常遵循的是"工厂模式(factory pattern)",在该模式中,返回的具体类型取决于调用了哪个 File() 方法的重载。

Controller 中提供了 6 个方法,分别返回的是上面 3 个子类。下面看一下这 6 个方法的定义。

```
protected internal FileContentResult File (byte [ ] fileContents, string
contentType);
protected internal FileStreamResult File ( Stream fileStream, string
contentType);
protected internal FilePathResult File(string fileName, string contentType);
protected internal virtual FileContentResult File (byte [ ] fileContents,
string contentType, string fileDownloadName);
protected internal virtual FileStreamResult File (Stream fileStream, string
contentType, string fileDownloadName);
protected internal virtual FilePathResult File ( string fileName, string
contentType, string fileDownloadName);
```

下面测试一下这几个函数,同样需要创建一个项目,同时在项目中创建一个文件夹 File,用来存放要下载的文件,如图 4.11 所示。

直接在 HomeController 的 Index() 方法中测试这几个函数。如果要在浏览器中直接显示文件(如图片、文本文件),就需要使用 File() 方法。

图 4.11　File 文件夹

```
protected internal FilePathResult File(string fileName,
string contentType);
```

该函数的参数如下。

fileName:要显示的文件。

contentType:文件的 MIME 类型。

更改代码如下：

```
public ActionResult Index2()
{
    return File("~/Content/Images/ghz.jpg","image/jpeg");
}
```

打开浏览器预览一下，效果如图 4.12 所示，该图片将直接显示出来。

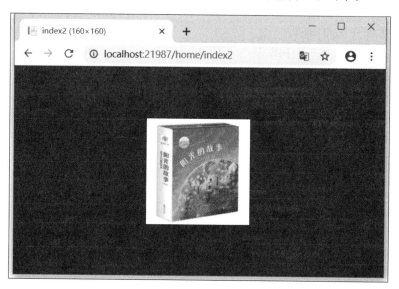

图 4.12　文件预览效果

可以发现，浏览器并没有弹出下载对话框，而是直接显示到浏览器中。同理，如果是 txt 文件，那么也会直接显示到浏览器中。

这里需要注意的是第二个参数 contentType，这个参数用来设置文件的 MIME 类型。

```
public ActionResult Index()
{
    return File("/File/一步步学习 ASP.NET MVC3 第 8 章 .doc", "application/msword");
}
```

至于文本文件，大家可以测试一下，如果 contentType 是一些浏览器不能直接打开的文件，则会弹出下载窗口。图 4.13 显示了可下载的文件。

但是会发现下载的时候没有文件名，而是默认使用的 Action 方法的名称，这是让人很不爽的。

此时可以使用下面的函数：

```
protected internal virtual FilePathResult File(string filename, string
contentType, string fileDownloadName);
```

第三个参数 fileDownloadName 就是文件的下载名称。

图 4.13　文件下载：没有文件名

```
public ActionResult Index()
{
    return File("/File/一步步学习 ASP.NET MVC3 第 8 章.doc","application/
msword", "一步步学习 ASP.NET MVC3 第 8 章.doc");
}
```

运行效果如图 4.14 所示。

图 4.14　文件下载：带文件名

至于其他函数，只有第一个参数不同，只给出相应的参数即可。通过上面的函数定义会发现,第一个参数的类型就有如下 3 个。

(1) string fileName:文件的路径。

(2) Stream fileStream:以文件流的方式下载。

(3) byte[] fileContent:以字节的方式下载。

4.4.8 JsonResult

JsonResult 使用 JavaScriptSerializer 类将其内容(通过 Data 属性指定)串行化为 JSON(JavaScript Object Notation)格式。对于简单的 Ajax 情形,如果需要一个动作方法以一种易于为 JavaScript 使用的格式返回数据,那么这一结果将非常有用。

与 ContentResult 一样,JsonResult 的内容编码和内容类型可以通过属性设置。唯一的区别在于,默认的 ContentType 是"application/json",而不是该结果对应的"text/html"。

注意,JsonResult 串行化整个对象,因此,如果提供一个 ProductCategory 对象(含有 20 个 Product 实例的集合),那么还将串行化每个 Product 实例并将其包含到发送给响应的 JSON 中。现在,假设每个 Product 都含有一个包含 20 个 Order 实例的 Orders 集合,那么可以想象,JSON 响应可能迅速膨胀。

为了掩饰 JsonResult,首先定义一个 Book 类:

```
public class Book
{
    public string Title { get; set; }
    public int Price { get; set; }
}
```

HomeController 中使用 JsonResult 示例如下所示:

```
public ActionResult BookInfo()
{
    Models.Book book = new Models.Book()
    {
        Title = "MVC 程序设计",
        Price = 90
    };
    return Json(book, JsonRequestBehavior.AllowGet);
}
```

同时添加 Index 的视图文件 Index.cshtml,修改内容如下。

```
@{
    ViewBag.Title = "Json 练习";
}
<script type="text/javascript">
    function AjaxSearch()
    {
```

```
    $.get("/Home/BookInfo", null, function (data) {
        var html = "书名:" + data.Title + ",价格:" + data.Price;
        $("#result").html(html);
    }, "json");
}
</script>
```

`<h2>这是 JsonResult 实例</h2>`

`查询图书:<input type="button" value="查询" onclick="AjaxSearch()" />`

`<div id="result" style="margin:10px"> </div>`

运行程序,在浏览器中预览,当单击"查询"按钮的时候,发现数据已经显示到 div 中了。下面分析一下上面的代码。

首先,在视图文件中使用 $.get 发送一个异步的 get 请求,请求的 Action 是 HomeController 下的 BookInfo,这一点没什么难度,主要在 BookInfo() 这个函数中创建了一个对象 Book,这个函数返回的类型是 JsonResult。

下面看一下 Json() 函数的定义。

```
protected internal JsonResult Json(object data);
protected internal JsonResult Json ( object data, JsonRequestBehavior
behavior);
protected internal JsonResult Json(object data, string contentType);
```

函数 Json() 中必须提供参数"object data",表示要把对象转换为 Json 数据。如 Book 对象有 string 类型的 Title 属性和 decimal 类型的 Price 属性,那么 JsonResult 就会把这个对象转为 Json 对象{"Title":"XXX","Price":YY}。

第二个重载函数提供了另外一个参数 JsonRequestBehavior,说明请求 Json 的方式。默认情况下,如果是 get 请求,则是不允许的;如果要使异步的 get 请求起作用,则必须设置 JsonRequestBehavior.AllowGet。可以猜测出,JsonRequestBehavior 是一个枚举类型,有一个枚举值是 DenyGet(阻止 Get,这个是默认值),所以,在 BookInfo 中使用了的第二个重载函数。

4.4.9　JavaScriptResult

JavaScriptResult 用来在客户机上执行来自服务器的 JavaScript。例如,在使用内置的 Ajax 辅助方法发送对动作方法的请求时,方法可能只是返回一些 JavaScript,它将在到达客户机时立刻执行。

这里假设引用了 Ajax 库和 jQuery。下面来看 JavaScriptResult。从名字上看,返回的是一个 JavaScript 对象。虽然返回的是 JavaScript 对象,但是这个对象却是"纯文本"的!

在 HomeController 中添加 JSResult() 方法,内容如下。

```
public ActionResult JSResult()
```

```
{
    string js = "alert('sss')";
    return JavaScript(js);
}
```

JavaScript 返回结果如图 4.15 所示。

图 4.15　JavaScript 返回结果

出什么问题了？原来 alert() 函数并没有执行,而是当作纯文本输出了,这是怎么回事呢？原因是 JavaScriptResult 要和 Ajax 一起使用,而这个 Ajax 和传统的 Ajax 有些不同,需要在 Razor 页面中使用@Ajax 生成的链接或者是表单调用,一定程度上可以看成"回发",但这种回发是纯粹的 Ajax。

若需要改写_Layout.cshtml,可在_Layout.cshtml 中加如下代码。

```
<script src="@Url.Content("~/Scripts/jquery.unobtrusive-Ajax.min.js")" type="text/javascript"></script>
```

只有加上这个 js,@Ajax 才会起作用。下面在 Index.cshtml 中加入下列代码。

```
<a href="/Home/JSResult">这是 JavaScriptResult——普通调用</a>
<br />
@ Ajax. ActionLink ( " 这 是 JavaScriptResult——Ajax 调 用", " JSResult", new AjaxOptions())
```

在 Index.cshtml 中加入了两个超链接：一个是普通的超链接；一个是@Ajax 生成的超链接。在浏览器中预览,分别单击这两个超链接会发现,第一个超链接是以另外一个页面显示内容,第二个超链接是在本页面直接执行 JavaScript 代码。

同时查看一下浏览器源代码：发现通过@Ajax 生成的标签中多了几个 data-* 的属性,而且功能正常执行,因为这是一种 JavaScript 的编写风格(和 HTML 5 相关),这种风格称为"Unobtrusive JavaScript"。其实这种应用在 Jquery EasyUI 中经常用到,需要注意的是,如果要使用@Ajax,那么在页面中必须导入以下脚本。

```
<script src="@Url.Content("~/Scripts/jquery.unobtrusive-Ajax.min.js")" type="text/javascript"></script>
```

而且在页面中调用的方法必须在页面对应的 Controller 中。

```
@ Ajax. ActionLink ( " 这 是 JavaScriptResult——Ajax 调 用","JSResult", new AjaxOptions())
```

大家会发现,上面的代码在 HomeController 的 Index() 方法对应的视图中,那么

JSResult()这个方法必须在 HomeController 中。如果现在再创建一个 Controller 为 TestController,则内容如下。

```
public ActionResult Index()
{
    return JavaScript("alert('22222')");
}
```

同时修改 Home/Index 方法对应的视图文件 Index.cshtml 如下。

```
@Ajax.ActionLink ("这是 JavaScriptResult——Ajax 调用", "/Test/Index", new
AjaxOptions())
```

预览一下,会出现如图 4.16 所示的请求失败页面。为什么呢?

图 4.16　预览结果——请求失败页面

观察一下生成的源代码,发现地址这会是/Home/Test/Index,这一点就说明了这种 Ajax 方法必须是在视图对应的 Controller 中声明。所以,这也就是为什么称它为另一种 "回发"的原因,只不过这种"回发"是 Ajax 形式的。例如,Post 提交一个记录后,需要返回一个说明,但是这个说明是 CS 生成的,这时就可以利用这种方法。

下面分析一下@Ajax 辅助方法 ActionLink(text,action,AjaxOptions)。

如果必须调用 TestController 中的 Index 方法,怎么办呢?可以使用@Ajax.ActionLink 的第二个重载函数 ActionLink(text,action,newobject,AjaxOptions)。

按上面的说法,若要调用 TestController 中的 Index 方法,则可以写成如下形式。

```
@Ajax.ActionLink("这是 JavaScriptResult——Ajax 调用", "Index", new {controller
="Test"}, new AjaxOptions())
```

这个方法提供了 4 个参数:第一个参数 text:是要显示的文本;第二个参数 action 是要调用的 Ajax 方法;第三个参数是路由参数对象;第四个参数是 action 执行后把执行后的内容填入 AjaxOptions 中。

4.5　项　目　实　施

4.5.1　任务一: 用户管理

在 3.6 节中创建模型类之后,就可以实现系统功能了。首先完成用户管理功能,该功能是一个可用来管理用户信息的控制器。可以选择的一种做法是手动编写控制器代码,然后为每个控制器操作创建所有必要的视图。几次之后,就会发现这种方法的重复性很强,那么,是不是可以在一定程度上自动完成这个过程呢? 答案是肯定的,只需要使用接下来介绍的“基架”完成相应的功能。

在第 5 章中,将会看到 AddView 对话框允许选择一个用来创建视图代码的模板。这种代码生成过程就叫作“基架”,其用途并没有局限于创建视图,ASP.NET MVC 中的基架还可以为应用程序的列表,创建、读取、更新和删除(CRUD)功能生成所需的样板代码。基架模板首先检测模型类的定义,然后生成控制器,以及与该控制器关联的视图,有些情况下还会生成数据访问类。基架会自动命名控制器、视图,以及每个组件需要执行什么代码,也知道在应用程序中如何放置这些项,以使应用程序正常工作。

在 BookStore 项目中实现用户管理功能,包括创建新用户、修改用户、删除用户和用户列表。要求使用“包含视图的 MVC 5 控制器(使用 Entity Framework)”模板,该模板可以帮助生成访问 EF 对象的代码,并为这些对象生成了 Index、Create、Edit、Details 和 Delete 视图。

首先在 Controller 文件夹上右击,从弹出的快捷菜单中选择“控制器”添加已搭建基架的新项,即控制器模板,如图 4.17 所示。

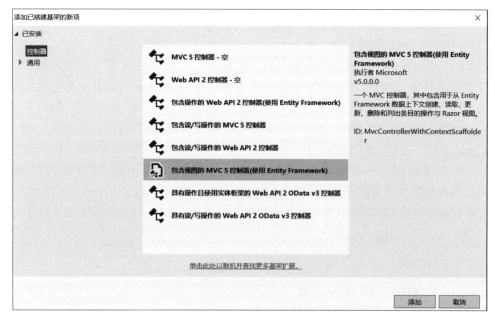

图 4.17　创建用户管理控制器模板页面

虽然不期望基架能够创建整个应用程序,但是基架可以让开发人员从琐碎繁杂的工作中解脱出来。例如,基架可以代替在正确位置创建文件的操作,避免开发人员完全手动编写程序代码。可以调整和编辑基架生成的代码创建自己的应用程序。基架只有在允许运行的时候才会运行,所以不必担心代码生成器会覆盖对输出文件的修改。

选择"包含视图的 MVC 5 控制器(使用 Entity Framework)"的基架,之后单击"添加"按钮,如图 4.18 所示。

图 4.18　添加控制器

在添加控制器页面中,模型类选择 Users,数据上下文类选择 BookStoreModel (BookStore),控制器名称输入 UserController,之后单击"添加"按钮,系统会自动生成 UsersController 和对应的视图页面。UsersController 代码如下所示。

```
public class UsersController : Controller
    {
        private BookStoreModel db = new BookStoreModel();

        //GET: Users
        public ActionResult Index()
        {
            var users = db.Users.Include(u => u.Roles);
            return View(users.ToList());
        }

        //GET: Users/Details/5
        public ActionResult Details(int? id)
        {
            if (id == null)
            {
```

```
                return new HttpStatusCodeResult(HttpStatusCode.BadRequest);
            }
            Users users = db.Users.Find(id);
            if (users == null)
            {
                return HttpNotFound();
            }
            return View(users);
        }


        //GET: Users/Create
        public ActionResult Create()
        {
            ViewBag.RoleID = new SelectList(db.Roles, "RoleID", "RoleName");
            return View();
        }


        //POST: Users/Create
        //为了防止"过多发布"攻击,请启用要绑定到的特定属性;有关
        //更多详细信息,请参阅 https://go.microsoft.com/fwlink/?LinkId=317598
        [HttpPost]
        [ValidateAntiForgeryToken]
        public ActionResult Create([Bind(Include = "UserId,UserName,Sex,
Password,City,Birth,Phone,Email,Address,RoleID")] Users users)
        {
            if (ModelState.IsValid)
            {
                db.Users.Add(users);
                db.SaveChanges();
                return RedirectToAction("Index");
            }

            ViewBag.RoleID = new SelectList(db.Roles, "RoleID", "RoleName",
users.RoleID);
            return View(users);
        }


        //GET: Users/Edit/5
        public ActionResult Edit(int? id)
        {
            if (id == null)
            {
                return new HttpStatusCodeResult(HttpStatusCode.BadRequest);
```

```
        }
        Users users = db.Users.Find(id);
        if (users == null)
        {
            return HttpNotFound();
        }
        ViewBag.RoleID = new SelectList(db.Roles, "RoleID", "RoleName",
users.RoleID);
        return View(users);
    }


    //POST: Users/Edit/5
    //为了防止"过多发布"攻击,请启用要绑定到的特定属性;有关
    //更多详细信息,请参阅 https://go.microsoft.com/fwlink/? LinkId=317598
    [HttpPost]
    [ValidateAntiForgeryToken]
     public ActionResult Edit ([Bind (Include = " UserId, UserName, Sex,
Password,City,Birth,Phone,Email,Address,RoleID")] Users users)
    {
        if (ModelState.IsValid)
        {
            db.Entry(users).State = EntityState.Modified;
            db.SaveChanges();
            return RedirectToAction("Index");
        }
        ViewBag.RoleID = new SelectList(db.Roles, "RoleID", "RoleName",
users.RoleID);
        return View(users);
    }


    //GET: Users/Delete/5
    public ActionResult Delete(int id)
    {
        if (id == null)
        {
            return new HttpStatusCodeResult(HttpStatusCode.BadRequest);
        }
        Users users = db.Users.Find(id);
        if (users == null)
        {
            return HttpNotFound();
        }
        return View(users);
```

```
        }

        //POST: Users/Delete/5
        [HttpPost, ActionName("Delete")]
        [ValidateAntiForgeryToken]
        public ActionResult DeleteConfirmed(int id)
        {
            Users users = db.Users.Find(id);
            db.Users.Remove(users);
            db.SaveChanges();
            return RedirectToAction("Index");
        }

        protected override void Dispose(bool disposing)
        {
            if (disposing)
            {
                db.Dispose();
            }
            base.Dispose(disposing);
        }
    }
```

在 UsersController 中会看到基架为控制器添加了一个 BookDBContext 类型的私有对象用于操作数据库。Index 动作用于显示列表页面;Details 为用户详细信息查看页面,其中参数 id 为 UserID;无参数的 Create 动作主要用于显示需要输入新用户页面,带参数的 Create 动作是提交用户数据到数据库服务器;Edit 动作和 Create 类似,区别在于 Edit 显示视图方法需要传递 UserID 参数;Delete() 方法用于显示要删除的用户信息,

图 4.19   视图页面

DeleteConfirmed 动作从数据库中删除该用户,注意这里将 DeleteConfirmed 重命名为 Delete()方法。

同时,在/Views/Users 文件夹中生成了 Create、Delete、Details、Edit 和 Index 视图,对应控制器中的创建、删除、详细信息、编辑和列表页面,使用的是视图章节中的强类型视图,这里不一一讲解。视图页面如图 4.19 所示。

然后启动项目,在地址栏中输入"/Users/Index"显示用户列表页面,如图 4.20 所示。

图 4.20 不仅显示了用户列表页面,还包括新建、编辑、删除和详细信息的链接。单击 Create New 新建用户,单击 Edit 按钮对用户信息进行编辑,单击 Details 按钮查看用户详细信息,单击 Delete 按钮打开确认删除用户页面。

使用同样的方法可以快速完成销售系统中的图书管理功能。

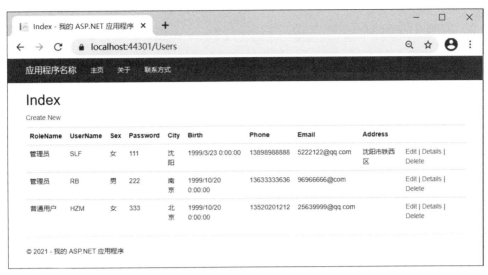

图 4.20 用户列表页面

4.5.2 任务二：用户注册

本任务完成用户注册功能：添加一个用于用户注册和登录的控制器 AuthController，在 AuthController 中分别添加 Register 显示视图方法和提交数据方法，并为注册功能定义 Register 模型类，用于创建强类型视图 Register.cshtml。

在 Models 目录下定义 Register 类，该模型在数据库中没有对应的数据表，将数据存到 Users 表中，因此需要在内部定义 Users 对象，同时需要注意，该类在 DBContext 派生类中不添加数据集。

```
public class Register
{
  public Users users { get; }
    public Register()
    {
        users = new Users();
    }
    [Key]
    public int UserId
    {
        get { return users.UserId; }
        set { users.UserId = value; }
    }
    public string UserName
    {
        get { return users.UserName; }
        set { users.UserName = value; }
```

```
    }
    public string Password
    {
        get { return users.Password; }
        set { users.Password = value; }
    }
    [Compare("Password")]
    public string PasswordConfirm{ get;set; }
    public string Sex
    {
        get { return users.Sex; }
        set { users.Sex = value; }
    }
    public string Phone
    {
        get { return users.Phone; }
        set { users.Phone = value; }
    }
    public string Email
    {
        get { return users.Email; }
        set { users.Email = value; }
    }
}
```

Register 模型中首先定义了一个外部只能读取，不能修改的 Users 对象，其他属性也都是修改 Users 对象的属性，Register 模型中新添加了 PasswordConfirm 属性，用来确认用户两次输入的密码是否一致，这里使用 Compare 注解比较两个属性的值是否一致，在第 7 章的数据注解里将会详细介绍。

在 Controller 目录下创建基架为"MVC 5 控制器-空"的 AuthController，并添加 Register 方法如下。

```
public class AuthController : Controller
{
    public ActionResult Register()
    {
        return View();
    }
}
```

下面创建注册视图，该视图为强类型视图，为了方便地使用基架创建，因为 Register 模型在 DBContext 派生类中没有添加数据集会添加视图失败，所以这里可以考虑临时将数据集加入 DBContext 派生类中，创建完强类型视图后再将其删除。

在 Register 控制器方法名上右击添加视图，如图 4.21 所示。

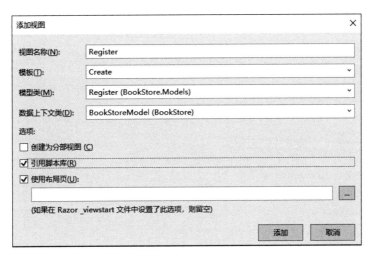

图 4.21　添加注册视图页面

视图名称和方法名一致，模板为 Create，模型类为 Register（BookStore.Models），数据上下文类为 BookStoreModel（BookStore），创建好的 Register.cshtml 代码如下。

```
@model BookStore.Models.Register

@{
    ViewBag.Title = "Register";
}

<h2>Register</h2>

@using (Html.BeginForm())
{
    @Html.AntiForgeryToken()

    <div class="form-horizontal">
        <h4>注册</h4>
        <hr />
        @Html.ValidationSummary(true, "", new { @class = "text-danger" })
        <div class="form-group">
            @Html.LabelFor(model => model.UserName, htmlAttributes: new { @class = "control-label col-md-2" })
            <div class="col-md-10">
                @Html.EditorFor(model => model.UserName, new { htmlAttributes = new { @class = "form-control" } })
                @Html.ValidationMessageFor(model => model.UserName, "", new { @class = "text-danger" })
            </div>
```

```
                </div>

                <div class="form-group">
                    @Html.LabelFor(model => model.Password, htmlAttributes: new { @
class = "control-label col-md-2" })
                    <div class="col-md-10">
                        @Html.EditorFor(model => model.Password, new { htmlAttributes
= new { @class = "form-control" } })
                        @Html.ValidationMessageFor(model => model.Password, "", new {
@class = "text-danger" })
                    </div>
                </div>

                <div class="form-group">
                    @Html.LabelFor(model => model.PasswordConfirm, htmlAttributes:
new { @class = "control-label col-md-2" })
                    <div class="col-md-10">
                        @Html.EditorFor(model => model.PasswordConfirm, new {
htmlAttributes = new { @class = "form-control" } })
                        @Html.ValidationMessageFor(model => model.PasswordConfirm,
"", new { @class = "text-danger" })
                    </div>
                </div>

                <div class="form-group">
                    @Html.LabelFor(model => model.Sex, htmlAttributes: new { @class =
"control-label col-md-2" })
                    <div class="col-md-10">
                        @Html.EditorFor(model => model.Sex, new { htmlAttributes = new {
@class = "form-control" } })
                        @Html.ValidationMessageFor(model => model.Sex, "", new { @class
= "text-danger" })
                    </div>
                </div>

                <div class="form-group">
                    @Html.LabelFor(model => model.Phone, htmlAttributes: new { @class
= "control-label col-md-2" })
                    <div class="col-md-10">
                        @Html.EditorFor(model => model.Phone, new { htmlAttributes =
new { @class = "form-control" } })
                        @Html.ValidationMessageFor(model => model.Phone, "", new { @
class = "text-danger" })
                    </div>
```

```
        </div>

        <div class="form-group">
            @Html.LabelFor(model => model.Email, htmlAttributes: new { @class
 = "control-label col-md-2" })
            <div class="col-md-10">
                @Html.EditorFor(model => model.Email, new { htmlAttributes =
 new { @class = "form-control" } })
                @Html.ValidationMessageFor(model => model.Email, "", new { @
class = "text-danger" })
            </div>
        </div>

        <div class="form-group">
            <div class="col-md-offset-2 col-md-10">
                <input type="submit" value="注册" class="btn btn-default" />
            </div>
        </div>
    </div>
}
```

下面完成 AuthController 中的 Register() 提交方法, 代码如下所示。

```
private BookStoreModel db = new BookStoreModel();
[HttpPost]
public ActionResult Register(Register rUsers)
{
    if (ModelState.IsValid)
    {
        db.Users.Add(rUsers.users);
        db.SaveChanges();
        return RedirectToAction("Login");
    }
    return View(rUsers);
}
```

第一个 Register() 方法用来打开视图页面, 第二个添加 HttpPost 的 Register() 方法用于获取输入数据并提交到数据库, 这里获取的数据类型为 Register 类型, 但提交给数据库的是里面的 Users 类型, 数据提交成功后跳转到登录页面。运行应用程序, 访问"/Auth/Register"页面, 如图 4.22 所示。

当用户两次录入的密码不一致时, 会有提示信息, 如图 4.23 所示, 这里使用的是验证注解中的 Compare 特性, 将在第 7 章详细讲解。

注册页面还有很多需要修改的地方, 如密码是明文显示, 属性的提示文字是英文, 性别不能选择等问题, 需要慢慢完善。

图 4.22 注册视图　　　　图 4.23 注册视图提示信息

4.5.3 任务三：用户登录

用户注册功能完成后，就可以登录系统了。下面实现用户登录功能，在 AuthController 中分别添加 Login() 方法显示登录页面并获取输入数据进行服务端验证。为该方法添加 Login.cshtml 视图用于用户信息输入，单击"提交"按钮将数据提交到服务器端进行验证。若验证成功，则跳转到 HomeController 的 Index() 方法显示系统首页，否则将错误信息 ViewBag.Message 传递到页面提示用户。

首先，在 AuthController 中添加 Login() 方法，用来显示 Login.cshtml 视图。

```
public ActionResult Login()
{
    return View();
}
```

在 Login() 方法上右击添加 Login.cshtml 空模型视图，如图 4.24 所示。
修改 login.cshtml 视图代码如下所示。

```
@{
```

```
        ViewBag.Title = "Login";
}


<h2>Login</h2>

<p><font size="3" face="arial" color="red">@ViewBag.ErrorMessage</font></p>
<form action="~/Auth/Login" method="post">
    <p>用户名:<input name="UserName" type="text" placeholder="请输入用户名" />
</p>
    <p>密　码:<input name="Password" type="password" placeholder="请输入密
码" /></p>
    <input name="Submit" type="submit" value="提交" />
</form>
<a href="Register">注册新用户</a>
```

视图中有一个 form 表单,其中包含 3 个控件,分别是用户名输入框、密码输入框和提交按钮,最后通过 Post 将数据提交到 AuthController 中的 Login()方法,表单上方还有一个 font 标签,用来显示@ViewBag.ErrorMessage 返回的错误提示信息。

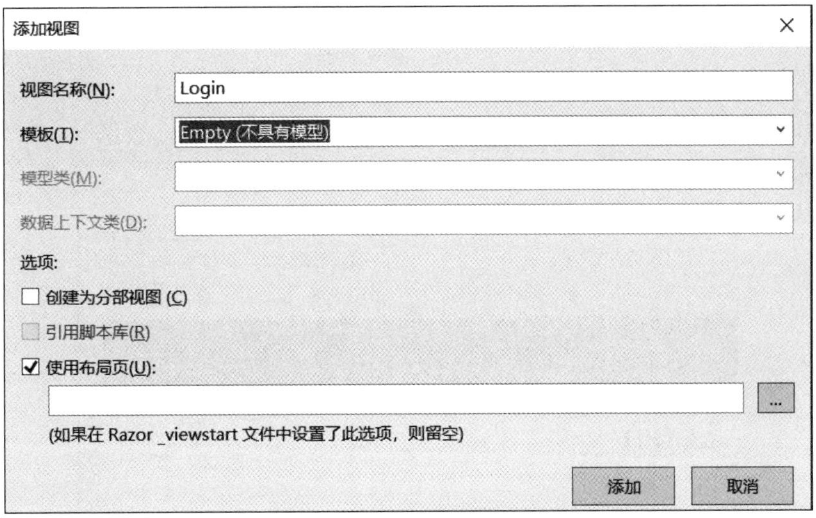

图 4.24　添加 Login 空模型视图

下面完成 AuthController 中的 Login 提交方法,代码如下所示。

```
[HttpPost]
public ActionResult Login(string userName,string password)
{
    var user = db.Users.Where(s => s.UserName.Equals(userName) && s.Password.
Equals(password)).FirstOrDefault();
    if (user == null)
    {
        ViewBag.ErrorMessage = "用户名或者密码错误。";
```

```
        return View();
    }
    return RedirectToAction("Index", "Home");
}
```

这个 Login()方法被设置成 HttpPost,以参数的形式接收视图数据与数据库中的数据进行比较。登录页面如图 4.25 所示。

图 4.25　登录页面

输入用户名和密码后单击"提交"按钮,当用户名或者密码输入有误时,页面中会显示错误提示信息,如图 4.26 所示。

图 4.26　登录页面错误提示信息

虽然基本完成了登录页面和验证功能,但还没有使用权限认证功能对系统进行配置,因此,只要在浏览器地址中输入其他页面,都是能够访问的。关于权限认证功能,将在第8 章中详细讲解。

4.6 同步训练

1. 在 StudentManager 应用程序启动时,添加代码完成,当数据模型结构发生改变后,删除数据库并重建的功能。

2. 为数据库中的学生表添加初始化数据,在 Home 控制器的 Index()方法中创建 StudentDb 对象并实例化,判断当 Student 表中没有任何数据时,在 Student 表中插入一条学号为"S00001"、姓名为"姚晨"、入学时间为"2017-9-1"、年级为"一年级"的记录。

3. 创建模板为空的 StudentController 控制器,在 Index()方法中获取学生数据,并创建同名的视图显示数据列表。

4. 在 StudentController 控制器中添加 GetStudentByID 动作,参数为学号 sNumber,功能为根据学号查询该学生信息,最后以 JsonResult 形式返回。

5. 在 StudentController 控制器中添加没有参数的 GetStudentsSum 动作,返回值为当前学生的总数,以 ContentResult 类型返回。

第 5 章

视　　图

本章导读：

在 ASP.NET MVC 中，只需要处理两种主要类型的组件：一种是控制器，它负责执行请求并为原始输入生成原始结果；另一种是视图引擎，它负责生成基于由控制器计算出的结果的任何预期的 HTML 响应。本章将介绍 ASP.NET MVC 中能见度最高、最靠近终端用户的层面，即 View。View 通过应用程序在 Action 中返回 ViewResult 或 PartialViewResult，在运行阶段内部调用 ExecuteResult ( ) 方法而产生模板转换 (transformation)，将运行阶段运算后产生的 Model 经由模板引擎进行转换，从而生成 HTML 页面代码，输出到浏览器中。因为 View 用来生成网页，因此可以说它是 ASP.NET 所有内建的 ActionResult 中使用率最高的一种类型。

在一般的应用程序开发上，View 几乎服务了 ASP.NET MVC 程序一切的界面设计（或称接口设计）与运算结果呈现，在隐性的应用中还包含数据验证等 API 的行为，View 是在构建网络应用产品或服务时最不可或缺的技术。

本章要点：

视图引擎 (View Engine) 负责处理 ASP.NET 内容，并查找有关指令，这些指令典型的是将动态内容插入发送给浏览器的输出，而 Razor 是 MVC 框架视图引擎的名称，因此，首先介绍视图的作用和类型，然后简要地论述视图引擎的内部结构，并对如何为引擎提供视图模板和数据进行实际的考量。

5.1　视图的作用

视图的职责是向用户提供用户界面，不像基于文件的 Web 框架，如 ASP.NET Web Forms 和 PHP，视图本身不会被直接访问，浏览器不能直接指向一个视图并渲染它。相反，视图总是被控制器渲染，因为控制器为它提供了要渲染的数据。

在标准 ASP.NET MVC 项目结构中，View 的位置被设计存储在应用程序根目录中名为 Views 的子目录下，在一些简单的情况中，视图不需要或需要很少控制器提供的信息。更常见的情况是控制器需要向视图提供一些信息，所以它会传递一个数据转移对象，叫作模型。视图将这个模型转换为一种适合显示给用户的格式。在 ASP.NET MVC 中，完成这一过程有两部分操作：一个是检查由控制器提交的模型对象；另一个是将其内容转换为 HTML 格式。

当创建新的项目模板时，将会注意到，项目以一种非常具体的方式包含了一个结构化

的 Views 目录。按照约定,每个控制器在 Views 目录下都有一个对应的文件夹,其名称
和控制器一样,只是没有 Controller 后缀名。例如,控制器 HomeController 在 Views 目
录下就会对应一个名为 Home 的文件夹。在每个控制器的 View 文件夹中,每个操作方
法都有一个同名的视图文件与其对应,这就提供了视图与操作方法关联的基础。

　　ASP.NET MVC 的 Razor 视图引擎具有非常好的扩展性,使用 Razor C♯语法的
ASP.NET 网页的扩展名为 cshtml,使用 Razor VB 语法的 ASP.NET 文件的扩展名为
vbhtml,Razor 视图引擎将编写视图模板所需的代码量降至最少。例如,控制器中的操作
方法通过 View()方法返回 ViewResult 对象,代码如下所示。

```
public class HomeController : Controller
{
    public ActionResult Index()
    {
        ViewBag.Message = "Asp.NET MVC application";
        return View();
    }
}
```

　　注意,这个控制器操作没有指定视图的名称,当不指定视图名称时,操作方法返回的
ViewResult 对象将按照约定确定视图。它会在目录"/View/ControllerName"(这里的
ControllerName 不带 Controller 后缀)下查找与 Action 名称相同的视图,在这种情况下
选择的视图便是"/Views/Home/Index.cshtml"。

　　到目前为止介绍的控制器操作简单地调用 return View()渲染视图,还不需要指定视
图的文件名。可以这么做,是因为它们利用了 ASP.NET MVC 框架的一些隐式约定,这
些约定定义了视图选择逻辑。与 ASP.NET MVC 中大部分约定的设置一样,这一约定是
可以重写的。如果想让 Index()操作方法渲染一个不同的视图,可以向其提供一个不同
的视图名称,代码如下所示。

```
public ActionResult Index()
{
    ViewBag.Message = "Asp.NET MVC application";
    return View("Welcome");
}
```

　　这样编码后,虽然操作的方法仍然在"/Views/Home"目录中查找视图,但是选择的
不再是 Index.cshtml,而是 Welcome.cshtml。在其他一些应用中,可能还需要定位到位
于完全不同目录结构中的视图。针对这种情况,可以使用带有～符号的语法提供视图的
完整路径,代码如下。

```
public ActionResult Index()
{
    ViewBag.Message = "Asp.NET MVC application";
```

```
    return View("~/Views/Manage/Index.cshtml");
}
```

注意,为了在查找视图时避开视图引擎的内部查找机制,使用这种语法时必须提供视图的文件扩展名。

5.2　视　图　类　型

View 是扩展名为.cshtml(或.vbhtml)的程序代码,广义上说,一个 View 可解释为代表着一个页面内容,但实际上 View 可细分为多种功能,赋予不一样的责任。

视图可以分为以下 3 种类型。

常规视图:常存放于对应 Controller 名称的目录下。

分部视图:放置在 Controller 名称的目录下或集中放置在 Shared 目录中。

布局页:也叫母版页,是指可被其他页面作为模板引用的特殊网页。

接下来进一步说明和解析上述 3 种 View 类型。

5.2.1　常规视图

虽然可以手动创建视图文件,把它添加到 Views 目录下,但是 Visual Studio 中的 ASP.NET MVC 工具的 Add View 对话框使得创建视图非常容易。可以在 Views 文件夹或者子文件夹上右击,从弹出的快捷菜单中选择"新建"→"视图"命令,也可以在控制器方法上右击,从弹出的快捷菜单中选择"添加视图"命令。

下面通过新建学生说明如何创建视图。首先在 Models 文件夹下新建一个 Student 模型,然后在 HomeController 中添加 Create 动作。Student 模型和 Create 动作的代码如下所示。

```
public class Student
{
    public string Name { get; set; }
    public string Number { get; set; }
    public string Sex { get; set; }
    public int Age { get; set; }
}
public ActionResult Create()
{
    return View();
}
```

然后在操作方法 Create()上右击,从弹出的快捷菜单中选择"新建视图"菜单项,打开"添加视图"对话框,如图 5.1 所示。

下面对每个菜单项进行详细描述。

(1)视图名称:如果在操作方法上打开这个对话框时,视图的名称默认被填充为操

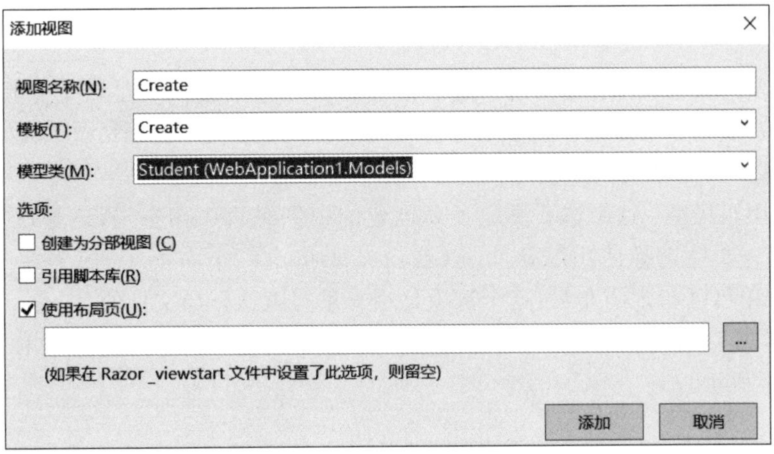

图 5.1　"添加视图"对话框

作方法的名称,则视图的名称是必填项。

(2) 模板:一旦选择一个模型类型,就可以选择一个基架模板。这些模板利用 Visual Studio 模板系统生成基于选择模型类型的视图。

视图模板包括以下类型。

- Create:创建一个视图,其中带有创建模型新实例的表单,并为模型类型的每个属性生成一个标签和输入框。
- Delete:创建一个视图,其中带有删除现有模型实例的表单,并为模型的每个属性显示一个标签,以及当前该属性的值。
- Details:创建一个视图,它显示了模型类型的每个属性的标签及其相应值。
- Edit:创建一个视图,其中带有编辑现有模型实例的表单,并为模型类型的每个属性生成一个标签和输入框。
- Empty:创建一个空视图,使用@model 语法指定模型类型。
- Empty(不具有模型):与 Empty 基架一样,创建一个空视图。但是,由于这个基架没有模型,因此在选择此基架时不需要选择模型类型,这是唯一不需要选择模型类型的一个基架类型。
- List:创建一个带有模型实例表的视图。为模型类型的每个属性生成一列。确保操作方法向视图传递的是 Enumerable<ModelType>类型,同时,为了执行创建、编辑、删除操作,视图中还包含指向操作的链接。

(3) 模型类:除了选用"Empty(不具有模型)"类型的模板外,其他模板都需要指定与视图关联的模型类。

(4) 引用脚本库:这个选项用来指示要创建的视图是否应该包含指向 JavaScript 库(如果对视图有意义)的引用。默认情况下,Layout.cshtml 文件既不引用 jQuery Validation 库,也不引用 Unobtrusive jQuery Validation 库,只引用主 jQuery 库。

当创建一个包含数据条目表单的视图(如 Edit 视图或 Create 视图)时,选择这个选项会添加对 jqueryval(在 BundleConfig.cs 中,主要用来压缩 JavaScript 和 CSS)捆绑的脚本引用。如果要实现客户端验证，那么这些库就是必需的。除这种情况外，完全可以忽略这个复选框。

（5）创建为分部视图：选择这个选项意味着要创建的视图不是一个完整的视图，因此，Layout 选项是不可用的。生成的分部视图除在其顶部没有<html>标签和<head>标签外，很像一个常规的视图。

（6）使用布局页：这个选项决定了要创建的视图是否引用布局，还是成为一个完全独立的视图。如果选择使用默认布局，就没必要指定一个布局了，因为在 _ViewStart.cshtml 文件中已经指定了布局，这个选项是用来重写默认布局文件的。

单击"添加"按钮，会创建出基于 Student 模型的 Create 视图，该视图也称为强类型视图，代码如下所示。

```
@model WebApplication1.Models.Student

@{
    ViewBag.Title = "Create";
}

<h2>Create</h2>

@using (Html.BeginForm())
{
    @Html.AntiForgeryToken()

    <div class="form-horizontal">
        <h4>Student</h4>
        <hr />
        @Html.ValidationSummary(true, "", new { @class = "text-danger" })
        <div class="form-group">
            @Html.LabelFor(model => model.Name, htmlAttributes: new { @class
= "control-label col-md-2" })
            <div class="col-md-10">
                @Html.EditorFor(model => model.Name, new { htmlAttributes = new
{ @class = "form-control" } })
                @Html.ValidationMessageFor(model => model.Name, "", new { @
class = "text-danger" })
            </div>
        </div>

        <div class="form-group">
            @Html.LabelFor(model => model.Number, htmlAttributes: new { @class
= "control-label col-md-2" })
            <div class="col-md-10">
                @Html.EditorFor(model => model.Number, new { htmlAttributes =
```

```
            new { @class = "form-control" } })
                    @Html.ValidationMessageFor(model => model.Number, "", new { @
class = "text-danger" })
                </div>
            </div>

            <div class="form-group">
                @Html.LabelFor(model => model.Sex, htmlAttributes: new { @class =
"control-label col-md-2" })
                <div class="col-md-10">
                    @Html.EditorFor(model => model.Sex, new { htmlAttributes = new {
@class = "form-control" } })
                    @Html.ValidationMessageFor(model => model.Sex, "", new { @class
= "text-danger" })
                </div>
            </div>

            <div class="form-group">
                @Html.LabelFor(model => model.Age, htmlAttributes: new { @class =
"control-label col-md-2" })
                <div class="col-md-10">
                    @Html.EditorFor(model => model.Age, new { htmlAttributes = new {
@class = "form-control" } })
                    @Html.ValidationMessageFor(model => model.Age, "", new { @class
= "text-danger" })
                </div>
            </div>

            <div class="form-group">
                <div class="col-md-offset-2 col-md-10">
                    <input type="submit" value="Create" class="btn btn-default" />
                </div>
            </div>
        </div>
    </div>
}

<div>
    @Html.ActionLink("Back to List", "Index")
</div>
```

第一行@model 定义了该视图对应的模型为 Student，当使用模型创建视图时，会使视图创建非常简单，通过模板基架会自动创建出合适的视图直接使用。

5.2.2　分部视图

何为"分部视图"？在 Web Forms 开发中经常用到用户自定义控件，其作用是提高代码的复用性,减少代码的冗余,使程序更加模块化。在 ASP.NET MVC 中,对应地引入基于 Razor 结构的分布页,其作用与 Web Forms 开发中的用户自定义控件差不多。

分部视图(Partial View)是指可应用于 View 中以作为其组织部分的 View 的部分(片段),分部视图可以像类一样,编写一次,然后在其他 View 中被多次反复应用。由于分部视图需要被多个不同的 View 所引用,所以分部视图一般放在 Views/Shared 文件夹中以共享。

Partial View 与 View 几乎完全相同,细微的差别是 Action 返回 PartialViewResult 时,不会引用_ViewStart.cshtml 中默认的指定,在 Partial View 中除了自行指定使用哪份 Layout,不会引用前述_ViewStart.cshtml 中的默认值。Action 执行结束时,Controller 类型中的 PartialView()方法成员返回一个 PartialViewResult 给 ActionInvoker,以便后续 Partial View 的执行。

```
public ActionResult GetData (  )
{
    return PartialView("_GetDataPartial");
}
```

在命名习惯上,Partial View 的文件名部分会以 Partial 为结束,如_GetTimePartial.cshtml,虽然这不是一定要遵守的命名规则,但是这个命名方式的确有助于在解决方案资源管理器中寻找 View 文件。

在视图中要想渲染一个分部视图,可以使用 Html.Partial 和 Html.RenderPartial 辅助方法,在学习 HTML 辅助方法时将会详细介绍。

5.2.3　布局页

当创建一个默认的 ASP.NET MVC 项目时,在 Views 目录下会自动添加一个 Razor 布局使应用程序中的多个视图保持一致的外观。如果熟悉 Web Forms,其中母版页和布局的作用是相同的,但是布局提供了更简捷的语法和更大的灵活性。可使用布局为网站定义公共模板(或只是其中的一部分)。公共模板包含一个或多个占位符,应用程序中的其他视图为它(们)提供内容。从某些角度看,布局很像视图的抽象基类。

指定母版视图是比较容易的,可以使用视图引擎所支持的规则,也可以在控制器中选择下一个视图时将母版视图的名称作为参数传递给 View()方法。注意,与普通视图相比,布局页可能会遵循不同的规则。例如,ASPX 视图引擎要求母版模板的扩展名为.master,且需要放在 Shared 文件夹中。而 Razor 视图引擎则要求添加.cshtml 扩展名,并需要在 Views 文件夹根目录下的一个专用的_ViewStart.cshtml 文件中指定路径。_ViewStart.cshtml 文件代码如下所示。

```
@{
    Layout="~/Views/Shared/_Layout.cshtml";
}
```

_ViewStart.cshtml 页面可用来消除多个视图使用统一布局的冗余,这个文件中的代码先于同目录下任何视图代码的执行，可以递归地应用到子目录下的任何视图，所以子视图可以重写 Layout 属性的默认值，从而重新选择一个不同的布局。如果一组视图拥有共同的设置，那么使用_ViewStart.cshtml 文件对共同的视图配置进行统一设置。如果有视图需要覆盖统一的设置，那么只修改对应视图的属性值即可。

下面看 Shared 文件夹下项目生成的默认布局_Layout.cshtml 文件代码。

```html
<!DOCTYPE html>
<html>
<head>
<meta http-equiv="Content-Type" content="text/html; charset=utf-8"/>
    <meta charset="utf-8" />
    <meta name="viewport" content="width=device-width, initial-scale=1.0">
    <title>@ViewBag.Title - 我的 ASP.NET 应用程序</title>
    @Styles.Render("~/Content/css")
    @Scripts.Render("~/bundles/modernizr")
</head>
<body>
    <div class="navbar navbar-inverse navbar-fixed-top">
        <div class="container">
            <div class="navbar-header">
                <button type="button" class="navbar-toggle" data-toggle=
"collapse" data-target=".navbar-collapse">
                    <span class="icon-bar"></span>
                    <span class="icon-bar"></span>
                    <span class="icon-bar"></span>
                </button>
                @Html.ActionLink("应用程序名称", "Index", "Home", new { area = "" },
new { @class = "navbar-brand" })
            </div>
            <div class="navbar-collapse collapse">
                <ul class="nav navbar-nav">
                    <li>@Html.ActionLink("主页", "Index", "Home")</li>
                    <li>@Html.ActionLink("关于", "About", "Home")</li>
                    <li>@Html.ActionLink("联系方式", "Contact", "Home")</li>
                </ul>
            </div>
        </div>
    </div>
    <div class="container body-content">
        @RenderBody()
        <hr />
        <footer>
            <p>&copy; @DateTime.Now.Year - 我的 ASP.NET 应用程序</p>
        </footer>
```

```
    </div>

    @Scripts.Render("~/bundles/jquery")
    @Scripts.Render("~/bundles/bootstrap")
    @RenderSection("scripts", required: false)
</body>
</html>
```

该视图看起来像一个标准的 Razor 视图,但需要注意以下几个问题。

1. RenderBody

@RenderBody 是布局页中比较重要的元素,这是一个占位符,用于在布局页的 <body> 与 </body> 之间的某个位置定义视图页或视图的位置。

呈现引用此布局页的视图或视图页时,MVC 会自动将视图或视图页的内容合并到布局页中调用 RenderBody() 方法的位置处,多个 Razor 视图可以利用这个布局显示一致的外观。

2. RenderSection

@RenderSection 用于在布局页指定在视图中(注意不是指分部视图)用 Section 定义的占位符。将视图中定义的 Section 嵌入布局页中指定的位置后,当呈现引用此布局页的视图时,MVC 会自动将所定义的 Section 的内容合并到布局页中调用 RenderSection() 方法的位置处。

@RenderSection 有一个必要参数作为区段名称,并且有一个选择性参数 required,省略 required 参数或者设置 required:true 用来指定套用这份 Layout 的 View 是否必须满足这个区段,如果没有提供该区段,则会导致执行时弹出错误,用以下程序代码说明。

如果在布局页中添加下面的语句:

```
@RenderSection("SectionOne", false)
```

或

```
@RenderSection("SectionOne", required :false)
```

在视图中就可以用下面的办法定义:

```
@section SectionOne{
    …
}
```

如果在布局页中通过 Razor 语法设置了 required：false 的 RenderSection() 方法,但是又希望当所有没有实现 sectionName 的视图呈现的相关内容有默认值,则可通过 IsSectionDefined 实现。IsSectionDefined(sectionName) 用于判断视图页中是否已经定义了用 sectionName 指定的名称,如果视图页中没有定义该名称,就在布局页中定义呈现的内容。

在布局页中添加下面的语句:

```
@if(IsSectionDefined("SectionOne"))
{
    @RenderSection("SectionOne")
}
else
{
    <p>SectionOne Section is not defined!</p>
}
```

在需要设置的视图中就可以用下面的办法定义：

```
@section SectionOne{
    ...
}
```

若没有设置名为 SectionOne 的 RenderSection 视图，则显示的内容可写在布局页的 else()方法体中。

3. Layout 与 View 的执行顺序

在执行顺序上，View 会被优先执行，然后被 View 引用的 Layout 执行，这一点是经常容易被误解为相反的情况，因此产生不正确的程序编写结果。例如，在程序中以 ViewBag、ViewData 在 View 与 Layout 之间进行变量的传递，就会有执行顺序的问题需要考虑，因此一开始需要特别留意概念的建立。

下面在目录"～/Views/Shared"下定义一个名为_MyLayout 的布局页面，并修改布局页代码如下。

```
<!DOCTYPE html>
<html>
    <head><title>@ViewBag.Title</title></head>
    <body>
        <h1>@ViewBag.Title</h1>
        <div id="main-content">@RenderBody()</div>
    </body>
</html>
```

5.3　ASP.NET 视图引擎

View Engine 是隐藏在 Controller/Action 和 View 之间的黏合剂，当 Action 执行结束并且返回 ViewResult（或 PartialViewResult）后，ActionInvoker 调用 ActionResult 中定义的 ExecuteResult()方法启动了系统中 View Engine 的工作。View Engine 的职责是根据 ActionInvoker 提供的 context 获取合适的 View，将从 ViewResult 得到的数据给模板程序执行，并将结果输出为网页。因历史关系，现在的 ASP.NET MVC 内建了两份 View Engine 的实现，即 Controller 中已经概略提到的 Web Forms View Engine 与 Razor

View Engine。

Web Forms View Engine 继承了 ASP.NET 一贯使用的传统语法与结构,以"<%"为起始,以"%>"为结束标记的程序代码或运算区块,文件以.aspx 网页或.ascx 控件为扩展名。扩展名为.aspx 时为 View 常规视图,常规视图相当于一份完整的网页;.ascx 为本章前面介绍过的 Partial View 分部视图,分部视图代表网页中的一个小片段。.master 为母版页,为其他页面提供的模板,带有共享的布局和功能。

Razor 起源于 Microsoft WebMatrix 开发工具,由于 Razor 语法极为简单易懂,除去了原有的"<% %>"必须成对的语法包袱,能编写出高度可读的 View,是一个非常先进的 View Engine 实现。从 ASP.NET MVC 3 内建 Razor View Engine 发布后,Razor 就几乎成为了 ASP.NET MVC 网站开发人员的默认模板语言,内建使用不必经过任何设置。

Razor 是一种用来使得网站开发更加方便的服务器端网页标记语言,它的提出彻底提升了服务器端标记语言开发的方便性,是一种允许向网页中嵌入基于服务器的代码(Visual Basic 和 C#)的标记语法。Razor 为视图表示提供了一种精简的语法,最大限度地减少了语法和额外的字符,这样就有效地减少了语法障碍,并且在视图标记语言中也没有新的语法规则。Razor 网页可被描述为带有两种内容的 HTML 页面:HTML 内容和Razor 代码。

当服务器读取这种页面时,在将 HTML 页面发送到浏览器之前,首先会运行 Razor代码,这些在服务器上执行的代码能够完成浏览器中无法完成的任务,如访问服务器数据库。服务器代码能够在页面被发送到浏览器之前创建动态的 HTML 内容。从浏览器看,由服务器代码生成的 HTML 与静态 HTML 内容没有区别。当 ViewResult 的ExecuteResult 被执行后,会启动 View Engine 工作,完成以下事情。

- 让系统中注册的 View Engine 根据 context 获取应该使用的 View。
- 让 View(模板程序)与 Model(数据)结合。
- 将产生的运行结果(HTML)写到 Response 中。

5.3.1 Razor 语法

Razor 基于 ASP.NET,为 Web 应用程序的创建而设计,拥有传统 ASP.NET 标记的能力,但更易使用,也更易学习。之所以如此容易被接受,是因为 Razor 在设计之初就着眼于以下特点。

(1)结构性强、容易阅读。

Razor 以非常简捷的"@"符号作为模式切换,具有识别语法的能力,有别于过往服务器端标记语言中需要成对出现的"<% %>"符号,这意味着,在编写 Razor 代码的时候,可以很流畅地一直编写下去,而不必顾虑为了维持 IDE 识别文件的完整性而需要提前完成"%>"符号,再回头编写本来要写的程序代码块。另外,以"@"开始的 Razor 语法更加简洁、易读。

(2)易于学习。

Razor 使用最少的服务器端标记语言概念,目的是简单易学,让开发人员能充分展现出生产力。

（3）不是新的语言。

虽然有一套看似语法的结构规范，实际上 Razor 依附现有的语言，像 C♯ 或 VB.NET，不必重新学习一系列全新语法，只记住规则及数量非常少的关键词，就可以流利地使用这套标记语言进行程序设计的工作。

（4）在任何编辑器上编写 Razor 都很容易。

由于 Razor 将复杂的服务器端标记语言语法竭尽所能地精简化，因此，即便是使用极为普通的文本编辑器，或者是使用 Windows 记事本也能轻松地编辑 Razor 文件。

（5）与 IDE 充分集成。

在 Visual Studio 上，Razor 开发获得了强有力的支持，包含了开发人员钟爱的 IntelliSense 技术。

Razor 中的核心转换字符是 @，这个单一字符用作标记—代码的转换字符，有时也反过来用作代码—标记的转换字符。

这里共有两种基本类型的转换：代码表达式和代码块。

C♯ 的 Razor 语法主要规则如下。

- Razor 代码封装于 @{…} 中。
- 行内表达式（变量和函数）以 @ 开头。
- 代码语句以分号结尾。
- 字符串由引号包围。
- C♯ 代码对字母大小写敏感。
- C♯ 文件的扩展名是 .cshtml。
- 可以用"@@"编码"@"，以达到显示"@"的目的。

C♯ 的 Razor 代码表达式示例如下。

1. 隐式代码表达式

隐式 Razor 表达式以 @ 字符开头，后跟表达式。代码表达式将被计算并将值写入响应中，这就是在视图中显示值的一般原理。

```
<span>@model.Message</span>
```

Razor 中的隐式代码表达式总是采用 HTML 编码方式。

2. 显式代码表达式

显式 Razor 表达式由带括号的 @(…) 字符组成。在下面的示例中，表达式用括号括起来以安全地执行。如果表达式没有用括号括起来，将引发错误。

```
<span>sum=@(1+2)</span>
```

3. 无编码代码表达式

有些情况下，需要显式地渲染一些不应该采用 HTML 编码的值，这时可以采用 Html.Raw() 方法保证该值不被编码。

```
<span>@Html.Raw(model.Message)</span>
```

4. 代码块

不像代码表达式先求表达式的值,然后再输出到响应,代码块是简单地执行代码部分。这一点对于声明以后要使用到的变量是有帮助的。

```
@{
    List<string> items=new List<string>();
    items.Add("1");
    items.Add( "2");
    items.Add("3");
}
```

5. 文本和标记相结合

这个例子显示了在 Razor 中混用文本和标记的概念,具体如下。

```
@foreach (var item in items)
{
    <span>Item @item.Name.</ span>
}
```

6. 混合代码和纯文本

Razor 查找标签的开始位置,以确定何时将代码转换为标记。然而,有时可能想在一个代码块之后立即输出纯文本。例如,下面这个例子就是展示如何在一个条件语句块中显示纯文本。

```
@if(showMessage)
{
    <text>This is plain text</text>
}
```

或

```
@if(showMessage)
{
    @:This is plain text.
}
```

注意,Razor 可采用两种不同的方式混合代码和纯文本。第一种方式是使用<text></text>标签,这样只是把标签内容写入响应中,而标签本身不写入,建议采用这种方式,因为它具有逻辑意义。

第二种方式是使用一种特殊的语法@:实现从代码到纯文本的转换,但是这种方法每次只能作用于一行文本。

7. 转义代码分隔符

前面的基本语法中提到可以用"@@"编码"@"以达到显示"@"的目的,例如电子邮件,可以使用两个连续的@让 Razor 直接输出"@"。

```
<!—转义字符—!>
```

```
The ASP.NET Twitter Handle is @@aspnet
```

8. 服务器端的注释

Razor 为注释一块代码和标记提供了美观的语法@ * … * @。

```
@ *
这是一个代码块例子
@if (showMessage)
{
    <h1>@ViewBag.Message</h1>
}
All of this is commented out.
 * @
```

9. 调用泛型方法

这与显式代码表达式相比基本没有什么不同。即便如此,在试图调用泛型方法时仍有许多人面临困境。困惑主要在于调用泛型方法的代码包含尖括号,正如前面学习的,尖括号会导致 Razor 转回标记,除非整个表达式用圆括号括起来,如下所示。

```
@(Html.SomeMethod<AType>())
```

5.3.2　Razor 程序代码块

Razor 中可以使用 if、switch、foreach、for、while、try…catch…finally、using 这些程序代码块,就如同在程序代码中编写代码一样,存在的差异只是在 Razor 中必须利用"@"进入程序模式。

在基本语法中已经简单介绍了"@if"程序代码块,清晰、直观、易懂,不过那只是最简单的情况。在下面这个例子中,"@if"程序代码块里还包含产生局部变量块的"C♯"语句。

```
@if(DateTime.Now.Hour>12)
{
    var now = DateTime.Now.ToString("yyyy/MM/dd");
    <p> @now   下午好! </p>
}
else
{
    var now = DateTime.Now.ToString("yyyy/MM/dd");
    <p> @now   上午好! </p>
}
```

接下来是在 View 里非常常见的循环控制,例如需要显示多行信息,可以使用变量 i 实现,这样的场景在网站应用程序中再常见不过了。

```
<ul>
    @for(int i=0;i<5;i++)
```

```
    {
        <li>第 @i 行</li>
    }
</ul>
```

其余的程序代码块,因为 Razor 语法逻辑与@for、@if 都非常相似,所以这里就不逐一举例介绍了。

5.4   控制器和视图传值方式

View 中不会也不应该尝试进行对数据库的直接数据访问,这是开发 View 的基本准则,否则会破坏 View 的共享与可测试性。因此,View 经常是一个被动的角色,Controller 执行完毕,准备好提供给 View 的 Model,调用特定的 View 以 HTML 解释这份数据。

在 Controller 里进行数据加工后,传递给 View,然后让 View 将数据在浏览器上显示出来,这样就能在浏览器上看见了,但是从 Controller 向 View 中传递数据的方式有很多,包括 ViewData、ViewBag、TempData、Model 等,前面 3 个都是以弱类型的方式传递数据,最后一个 Model 是以强类型的方式传递数据。

先讨论一下强类型方式传递数据和弱类型传递数据方式的区别。对于 ViewData、ViewBag、TempData 来说,以它们 3 个为载体传递数据,不必考虑数据是什么类型,它们可以接收很多类型的数据,像 String、int、List<T>等,这些类型的数据都可以往它们里面存放;而强类型的数据传递方式就不同了,如果 model 的类型是 List<String>,那么这个 List 里只能装 String 类型的数据,不能装 Int 类型或者其他类型的数据。

下面介绍从 Controller 向 View 传递数据的 4 种方式。

5.4.1   ViewData

ViewData 是 Controller 实例中的属性,类型为 ViewDataDictionary,ViewDataDictionary 实现了 IDictionary<string, object>,将 Dictionary 中的 TValue 泛型参数声明为 object,故可以放置任意类型的数据。

Controller 中的代码:

```
ViewData["Name"] = "赵大海";                    //传递一个字符串类型的数据
ViewData["Age"] = 25;                          //传递一个 Int 类型的数据
ViewData["Time"] = DateTime.Now;
List<String> list = new List<string>();
list.Add("字符串 1");
list.Add("字符串 2");
list.Add("字符串 3");
ViewData["list1"] = list;                      //传递一个 List
```

View 中的代码:

```
<div>
    @ViewData["Name"]
    @ViewData["Age"]
</div>
<div>
    @ViewData["Time"]
</div>
<ul>
@* 使用 ViewData 传送过来的数据在遍历的时候需要强制转换一下数据类型 *@
    @foreach (var item in ViewData["list1"] as List<String>)
    {
        <li>
            @item
        </li>
    }
</ul>
```

5.4.2　ViewBag

ViewBag 是 Controller 实例中的属性，类型为 dynamic，与 ViewData 性质完全相同，只是使用的机制稍有不同。ViewBag 是 ASP.NET MVC 3 之后才出现在框架中的特性，运用 C♯ 4.0 中的 dynamic 关键词达成。

Controller 中的代码：

```
ViewBag.Name = "赵大海";                         //传递一个字符串类型的数据
ViewBag.Age = 25;                               //传递一个 Int 类型的数据
ViewBag.Time = System.DateTime.Now;
List<String> list = new List<string>();
list.Add("字符串 1");
list.Add("字符串 2");
list.Add("字符串 3");
ViewBag.list1 = list;                           //传递一个 List </span>
```

View 中的代码：

```
<div>
    @ViewBag.Name
    @ViewBag.Age
</div>
<div>
    @ViewBag.Time
</div>
<ul>
    @foreach (var item in ViewBag.list1)
    {
```

```
        <li>
            @item
        </li>
    }
</ul>
```

ViewData 与 ViewBag 的区别见表 5.1。

表 5.1　ViewData 与 ViewBag 的区别

ViewData	ViewBag
ViewData 是 Key/Value 字典集合	ViewBag 是 Dynamic 类型对象
ViewData 在 ASP.NET MVC 1 才有的	ViewBag 在 ASP.NET MVC 3 才有的
基于 ASP.NET 3.5 Framework	基于 ASP.NET 4.0 Framework
ViewData 比 ViewBag 快	ViewBag 比 ViewData 慢
在 ViewPage 查询数据的时候需要转换为合适的数据类型	在 ViewPage 查询数据的时候不需要转换为合适的数据类型
有一些类型转换代码	可读性好

尽管 ViewData 和 ViewBag 彼此之间并不存在真正的技术差异，但是二者之间的一些关键差异还是需要知道的，关联时它们之间的数据是互通的，设置在 ViewData["Data"]里面的数据，使用 ViewBag.Data 也可以访问。很明显的一个差异是，只有当要访问的关键字是一个有效的 C♯ 标识符时，ViewBag 才起作用。例如，如果在 ViewData["Key With Spaces"]中存放一个值，那么就不能使用 ViewBag 访问，因为这样无法通过编译。

另一个需要知道的重要差异是，动态值不能作为一个参数传递给扩展方法。因为 C♯ 编译器为了选择正确的扩展方法，在编译时必须知道每个参数的真正类型。如果其中任何一个参数是动态的，那么就不会通过编译。例如，代码@ Html.TextBox("name"，ViewBag.Name)就会编译失败。要使这行代码通过编译，有两种方法：一种方法是使用 ViewData["Name"]；另一种方法是把 ViewBag.Name 值转换为一个具体的类型（string）ViewBag.Name。

5.4.3　TempData

TempData 是 Controller 实例中的属性，类型为 TempDataDictionary。同 TempDataDictionary 一样，也实现了 IDictionary<string,object>接口，因此可以放置任意类型的数据。

各种特性让 TempData 行为看起来与 ViewData、ViewBag 相似，但实际上存放在 TempData 的数据只要经过一次读取，就会消失在容器中，需要特别留意这个特性。另一个特性是如果数据只放不取，那么这份数据的默认有效期与 ASP.NET Session 一样长，未经调整的 Session 有效时间为 20 分钟。ASP.NET MVC 内部的原因是 TempData 通过内部的 SessionStateTempDataProvider 实现将暂存数据放置于 Session 中,故具有这些特质。

换句话说,放置在 TempData 的数据除了方便在 Controller/View 中传递外,跨 Request 的 Action 也是可以读取到的。也就是说,TempData 用来在一次请求中同时执行多个 Action 方法时,可以在多个 Action 之间共享数据。

Home 控制器中的 Index()方法:

```
public ActionResult Index()
{
    TempData["Msg"] = "TempData 数据...";
    return View();
}
```

Index 视图代码:

```
@* 请求 PartialView()方法 *@
@{Html.RenderAction("PartialView");}
```

Home 控制器中的 PartialView()方法的代码:

```
public ActionResult PartialView()
{
    ViewData["MsgShow"] = TempData["Msg"] + "也可以看到啦!";
    return PartialView();
}
```

PartialView.cshtml 分部视图代码:

```
<table>
    <tr>
        <td>@ViewData["MsgShow "]</td>
    </tr>
</table>
```

这里在 Home 的 Index()方法中设置了 TempData["Msg"]数据,在 Index.cshtml 视图中使用 Html.RenderAction 渲染分部视图,并将 TempData["Msg"]中的数据赋值给 ViewData["MsgShow "],最后显示在分部视图中。

读者也可试着直接将 TempData["Msg"]数据显示在分部视图中。

5.4.4　强类型视图

Model 是强类型对象,通过 Action 中的 return View()或 return PartialView()方法传到 View,因为强类型的缘故,操作 Model 或 Model 的成员属性、方法很简单,不需通过类型转换就能直接使用。

假设现在需要编写一个显示 Book 实例的列表,一种简单的方法是通过 ViewBag 属性把 Book 实例添加到视图数据字典中,然后在视图中迭代它们。

例如,控制器操作中的代码可能与下面的代码一样。

```
public ActionResult Index()
{
    //ViewBag.Message = "Asp.NET MVC application";
    var books = new List<Book>();
    for(int i = 0; i < 10; i++)
    {
        Book book = new Book();
        book.BookName = "BookName" + i.ToString();
        books.Add(book);
    }
    ViewBag.Books = books;
    return View();
}
```

随后,在视图中迭代和显示图书,代码如下所示。

```
<ul>
    @foreach(WebApplication1.Models.Book b in(ViewBag.Books as IEnumerable
<WebApplication1.Models.Book>))
    {
      <li>@b.BookName</li>
    }
</ul>
```

运行后可以看到图 5.2。

图 5.2　ViewBag 传递参数

在使用 ViewBag.Books 时,需要将其转换为 IEnumerable＜WebApplication1.
Models.Book＞类型,为了使视图代码干净、整洁,在这里也可以使用 dynamic 关键字,但
是,当访问每个 Book 对象的属性时,就不能再使用智能感知功能了。

```
<ul>
    @foreach(dynamic b in ViewBag.Books)
    {
        <li>@b.BookName</li>
```

```
    }
</ul>
```

如果既能获得 dynamic 下的简洁语法，又能获得强类型和编译时检查的好处（如正确地输入属性和方法名称），就更完美了。可喜的是，强类型视图可以帮助我们获得这些。

在 Controller()方法中，可以通过重载的 View()方法中的传递模型实体指定模型，代码如下所示。

```
public ActionResult About()
{
    var books = new List<Book>();
    for(int i = 0; i < 10; i++)
    {
        Book book = new Book();
        book.BookName = "BookName" + i.ToString();
        books.Add(book);
    }
    return View(books);
}
```

在后台，首先把传给 View()方法的值赋给 model 属性，然后告知视图哪种类型模型正在使用@model 声明。注意，这里需要输入模型类型的完全限定类型名（命名空间和类型名称）。

@model 模型定义

使用@model 关键字可以定义 Action 里对应的一个模型（经常称它为实体类），其实是对动态变量进行实例化，这样就可以直接在.cshtml 文件中调用 Model 变量。而这个模型的实例需要通过 Controller 进行传输，如果没有 Controller，则 Model 将为 null。模型可以是一个实体类，也可以是一个列表实例，字典对象都可以进行定义，但是和 Controller 中的 Action 传回来的实例一定要一样，否则将会出现错误。

```
@model IEnumerable<WebApplication1.Models.Book>

<ul>
    @foreach(WebApplication1.Models.Book b in Model)
    {
        <li>@b.BookName</li>
    }
</ul>
```

如果不想输入模型类型的完全限定类型名，则可以使用@using 关键字声明。

```
@using WebApplication1.Models;
@model IEnumerable<Book>
```

```
<ul>
    @foreach(Book b in Model)
        {
        <li>@b.BookName</li>
        }
</ul>
```

对于在视图中经常使用的命名空间，一个较好的方法是在 Views 目录下的 web.
config 文件中声明。

```
<system.web.webPages.razor>
  <host factoryType="System.Web.Mvc.MvcWebRazorHostFactory, System.Web.
Mvc, Version=5.2.7.0, Culture=neutral, PublicKeyToken=31BF3856AD364E35" />
    <pages pageBaseType="System.Web.Mvc.WebViewPage">
      <namespaces>
        <add namespace="System.Web.Mvc" />
        <add namespace="System.Web.Mvc.Ajax" />
        <add namespace="System.Web.Mvc.Html" />
        <add namespace="System.Web.Optimization"/>
        <add namespace="System.Web.Routing" />
        <add namespace="WebApplication1" />
        <add namespace="WebApplication1.Models" />
      </namespaces>
    </pages>
</system.web.webPages.razor>
```

5.5　项　目　实　施

5.5.1　任务一: 导航栏设计

设计 BookStore 项目的母版页的导航栏,要求根据登录状态进行配置,当用户没有经过认证时,导航栏显示主页和登录链接;当用户认证成功后,除了显示登录用户名外,还根据用户的角色显示不同链接,管理员显示用户管理、图书管理、订单管理和退出系统;普通用户显示购物车、订单页面和退出系统。

要根据登录状态对导航栏配置,首先需要将用户数据添加到 Session 中,将 HttpPost 的 Login()方法修改如下。

```
[HttpPost]
public ActionResult Login(string userName,string password)
{
    var user = db.Users.Where(s => s.UserName.Equals(userName) && s.Password.
Equals(password)).FirstOrDefault();
    if (user == null)
    {
```

```
        ViewBag.ErrorMessage = "用户名或者密码错误。";
        return View();
    }

    Session["Username"] = user.UserName;
    Session["RoleID"] = user.RoleID;
    Session["RoleName"] = user.Roles.RoleName;
    Session["UserID"] = user.UserId;
    return RedirectToAction("Index", "Home");
}
```

同时，在 AuthController 中添加 Logoff()方法用于退出系统，并将 Session 中保存的用户数据删除，跳转到登录页面。

```
public ActionResult Logoff()
{
    Session.Clear();
    return RedirectToAction("Login", "Auth");
}
```

然后修改 Shared 文件夹下的_Layout.cshtml 模板如下。

```
<!DOCTYPE html>
<html>
<head>
<meta http-equiv="Content-Type" content="text/html; charset=utf-8"/>
    <meta charset="utf-8" />
    <meta name="viewport" content="width=device-width, initial-scale=1.0">
    <title>@ViewBag.Title - 我的 ASP.NET 应用程序</title>
    @Styles.Render("~/Content/css")
    @Scripts.Render("~/bundles/modernizr")
</head>
<body>
    <div class="navbar navbar-inverse navbar-fixed-top">
        <div class="container">
            <div class="navbar-header">
                <button type="button" class="navbar-toggle" data-toggle=
"collapse" data-target=".navbar-collapse">
                    <span class="icon-bar"></span>
                    <span class="icon-bar"></span>
                    <span class="icon-bar"></span>
                </button>
                @Html.ActionLink("图书销售系统", "Index", "Home", new { area = "" },
new { @class = "navbar-brand" })
            </div>
            <div class="navbar-collapse collapse">
```

```
            <ul class="nav navbar-nav">
                <li>@Html.ActionLink("主页", "Index", "Home")</li>
                @if (Session["RoleID"] != null)
                {
                    if (Session["RoleName"].ToString() == "管理员")
                    {
                        <li>@Html.ActionLink("用户管理", "Index", "Users")
</li>
                        <li>@Html.ActionLink("图书管理", "Index", "Books")
</li>
                        <li>@Html.ActionLink("订单管理", "Index", "Order")
</li>
                    }
                    else if (Session["RoleID"].ToString() == "3")
                    {
                        <li>@Html.ActionLink("购物车", "Index", "Cart")</li>
                        <li>@Html.ActionLink("订单页面", "Index", "Order")
</li>
                    }
                     <li>@Html.ActionLink("您好:" + Session["UserName"].
ToString(), actionName: "MyInfo", controllerName: "Users")</li>
                    <li>@Html.ActionLink("退出系统", "Logoff", "Auth")
</li>        }
                else
                {
                    <li>@Html.ActionLink("登录", "Login", "Users")</li>
                }
            </ul>
        </div>
    </div>
</div>
<div class="container body-content">
    @RenderBody()
    <hr />
    <footer>
        <p>&copy; @DateTime.Now.Year - 我的 ASP.NET 应用程序</p>
    </footer>
</div>

@Scripts.Render("~/bundles/jquery")
@Scripts.Render("~/bundles/bootstrap")
@RenderSection("scripts", required: false)
</body>
</html>
```

这个 Razor 视图中主要添加了一个@if 程序代码块,对用户登录的状态进行判断设置相应的超链接,这些超链接有些已经实现了功能,有些需要在后期继续完善。未登录状态页面如图 5.3 所示。

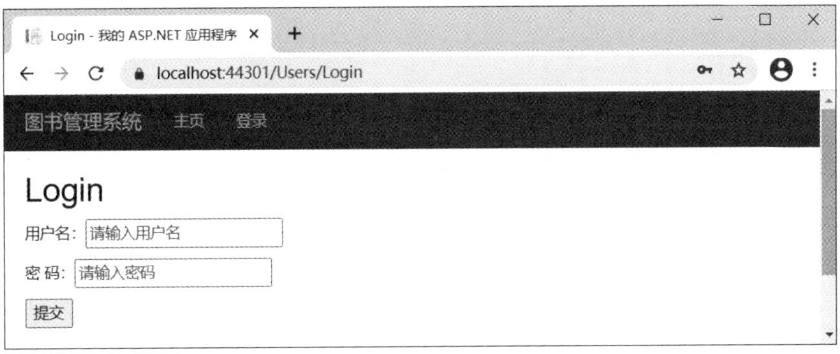

图 5.3 未登录状态页面

管理员登录成功页面如图 5.4 所示。

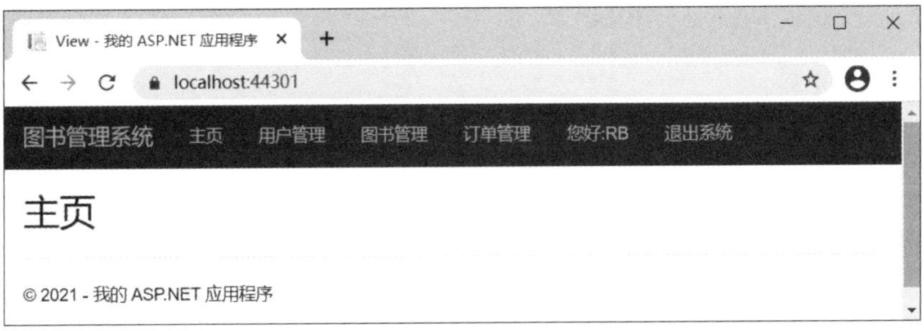

图 5.4 管理员登录成功页面

普通用户登录成功页面如图 5.5 所示。

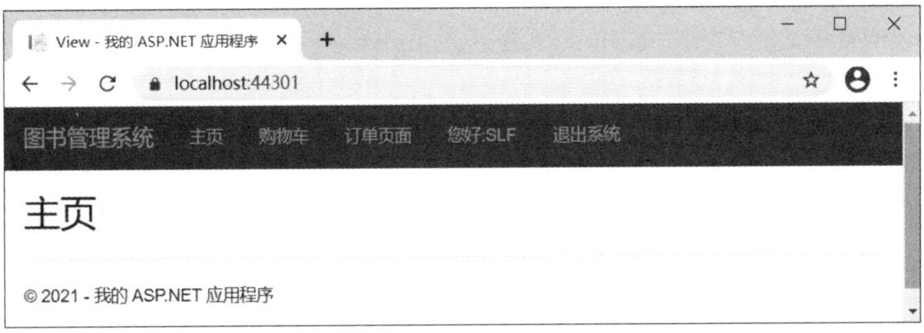

图 5.5 普通用户登录成功页面

不管是管理员还是普通用户,登录成功后,导航栏都会显示用户名,单击用户名可以查看用户信息,如图 5.6 所示。

通常需要在 UsersController 中添加 MyInfo()跳转方法。

```
public ActionResult MyInfo()
```

```
    {
        int id = Convert.ToInt32(Session["UserID"].ToString().Trim());
        return Details(id);
    }
```

图 5.6　个人信息查看

5.5.2　任务二: 首页图书展示

无论用户是否登录系统,在访问主页时都能够浏览系统展示的所有图书,并带有"购买"按钮,单击"购买"按钮,可将图书添加至购物车中,如果没有登录,则跳转到登录页面,本任务主要实现首页图书展示。

创建分部视图,在 Views/Home 目录下的 Index 页面中完成图书浏览功能,允许用户查看图书详情,并将图书添加至购物车。

1. 新建分部页面

在 Views/Home 目录下新建分部视图 BooksPartial,该视图是模型为 Books 的强类型视图,页面需要展示图书名称、作者、价格和图片信息,并添加"购买"按钮,单击"购买"按钮可以根据图书 ID 购买该图书,单击其他信息可以查看图书详情页面。

首先,在 Views/Home 目录上右击,从弹出的快捷菜单中选择"新建"→"MVC 5 分布页(Razor)",命名为 BooksPartial 并单击"确定"按钮,之后在生成的分部视图中添加如下代码。

```
@model BookStore.Models.Books

<div class="col-md-3">
    <ul id="Book-list" style="list-style: none;">
```

```
        <a href="@Url.Action("Details","Books",new { id=Model.BookId})">
            <img alt="@Model.BookName" src="@Model.BookUrl" class="img-
thumbnail" style="width:300px;height:320px" />
            <br>@(Model.BookName)(@Model.Author)    @Model.Price</br>
        </a>

        <button type="button" class="btn btn-primary" onclick="window.
location.href = '@Url.Action("InsertCart","Cart",new { id=Model.BookId})'">购
买</button>
    </ul>
</div>
```

第一行代码声明了该视图的模型为 Books 类型,并在页面中显示了图书信息,当单击名称、价格、作者或图片时,会打开图书详情页面,单击“购买”按钮时会调用 Cart 中的 Add() 方法将图书添加到购物车。

2. 使用分部页面显示图书

修改在 Views/Home 目录下的 Index 视图,将该视图定义为模型是 Books 集合的强类型视图,遍历模型数据,调用分部视图并将数据传递给它。

修改 Index 视图如下:

```
@model  IEnumerable<BookStore.Models.Books>

@{
    ViewBag.Title = "Home Page";
}
<h2>图书销售系统</h2>
<div class="row">
    @foreach (var item in Model)
    {
        @Html.Partial("BooksPartial", item)
    }
</div>
```

第一行代码定义该视图的模型为 Books 集合,下面使用 Foreach 遍历模型,使用 Html.Partial() 方法渲染分部视图 BooksPartial,第二个参数是数据传递。

最后修改 HomeController 的 Index() 方法,使用 View 参数重载将图书列表传递到 Index 强类型视图。

```
BookStoreModel db = new BookStoreModel();
    public ActionResult Index()
    {
        return View(db.Books);
    }
```

运行程序,图书浏览页面如图 5.7 所示。

图 5.7　图书浏览页面

5.5.3　任务三：实现购物车

前面的部分已经可以对用户和图书进行维护，进入主页也可以查看到系统展示的图书，但在没有实现购物车之前，还不能销售任何产品。购物车是业务中重要的一部分，现在相关 App 很多，大家对在线购物都是很熟悉的。

1. 添加商品到购物车

下面实现在图书浏览页面将图书添加到购物车中。首先创建基架为"MVC 5 控制器-空"的 CartController，实例化 BookStoreModel 用于操作数据库，创建 InsertCart 操作实现添加购物车功能，具体代码如下。

```
public class CartController : Controller
    {
        //GET: Cart
        public ActionResult Index()
        {
            return View();
        }
        BookStoreModel db = new BookStoreModel();
         public ActionResult InsertCart(int bookID)
        {
            int userID = Convert.ToInt32(Session["UserId"].ToString().Trim());
            var newcart = db.ShoppingCarts.Where(a => a.BookID.Equals(bookID)
```

```
    && a.UserId.Equals(userID)).FirstOrDefault();
            if (newcart == null)
            {
                ShoppingCarts cart = new ShoppingCarts();
                cart.BookID = bookID;
                cart.UserId = userID;
                cart.Number = 1;
                db.ShoppingCarts.Add(cart);
            }
            else
            {
                newcart.Number++;
                db.ShoppingCarts.Attach(newcart);
                db.Entry(newcart).State = EntityState.Modified;
            }
            db.SaveChanges();
            return Content("<script>alert('该书已添加至购物车!');history.
go(-1);</script>");
        }
}
```

InsertCart()方法有一个参数,是单击超链接时传递的 bookID 参数,然后获取当前登录用户的 userID,根据 userID 和 bookID 查询该用户是否已经添加图书,如果没有添加,则实例化 ShoppingCart 对象添加到数据库,否则将该图书数量加一后保存到数据库。添加至购物车提示信息如图 5.8 所示。

图 5.8 已添加至购物车提示信息

2. 购物车页面

选择好图书后,用户可以进入购物车页面查看购物车中的图书列表信息,在 Views/Cart 目录中新建模型为 ShoppingCart 的强类型视图 Index,视图代码如下。

```
@model IEnumerable<BookStore.Models.ShoppingCarts>

<div class="row">
    <h3>购物车</h3>
</div>

<table class="table table-hover" id="table">
    <tr>
```

```
        <th>
            @Html.DisplayNameFor(model => model.Users.UserName)
        </th>
        <th>
            @Html.DisplayNameFor(model => model.Books.BookName)
        </th>
        <th>
            @Html.DisplayNameFor(model => model.Books.Author)
        </th>
        <th>
            @Html.DisplayNameFor(model => model.Books.Price)
        </th>
        <th>
            @Html.DisplayNameFor(model => model.Books.BookUrl)
        </th>
        <th>
            @Html.DisplayNameFor(model => model.Number)
        </th>
        <th></th>
    </tr>

    @foreach (var item in Model)
    {
        <tr>
            <td>
                @Html.DisplayFor(modelItem => item.Users.UserName)
            </td>
            <td>
                @Html.DisplayFor(modelItem => item.Books.BookName)
            </td>
            <td>
                @Html.DisplayFor(modelItem => item.Books.Author)
            </td>
            <td>
                @Html.DisplayFor(modelItem => item.Books.Price)
            </td>
            <td>
                <img id="Image1" src="@item.Books.BookUrl" height="82" width=
"92" />
            </td>
            <td>
                @Html.DisplayFor(modelItem => item.Number)
            </td>
            <td>
```

```
        @Html.ActionLink("增加", "AddOne", new { id = item.CartID }) |
            @if (item.Number > 1) { @Html.ActionLink("减少", "MinusOne",
new { id = item.CartID }) } else { <span>减少</span>}|
        @Html.ActionLink("删除", "Delete", new { id = item.CartID })
            </td>
        </tr>
    }
    <tr>
        <td>总计</td>
        <td id="total">@ViewBag.Total</td>
        <td colspan="4">
            @Html.TextBox("Submit", "结算", new { @class = "btn btn-primary",
Type = "Submit", onclick = "window.location.href='" + @Url.Action("CheckOut",
"CheckOut") + "'" })
        </td>
    </tr>
</table>
```

该页面不仅显示了购物车中的图书列表,还可以对图书的数量进行维护,因此添加了
增加、减少和删除 3 个链接,最重要的是添加了图书结算功能。

在 CartController 的 Index 操作中为该视图提供数据,修改 Index()方法如下。

```
public ActionResult Index()
    {
        int id = Convert.ToInt32(Session["UserID"].ToString().Trim());
         var cart = db.ShoppingCarts.Include("Books").Include("Users").
Where(a => a.UserId.Equals(id)).ToList();
        ViewBag.Total = cart.Sum(s => s.Number * s.Books.Price);
        return View(cart);
    }
```

Index()方法体的第一行用于获取当前登录用户的 UserID,然后获取当前用户购物
车中的图书列表,这里的 Include()方法将结果中关联的 Books 数据也一起查询出来,用
于计算总金额,通过 ViewBag.Total 将总金额传递到视图。购物车页面如图 5.9 所示。

下面完成购物车中的图书数量增加、减少和删除功能,在 CartController 中分别添加
AddOne()、MinusOne()和 Delete()方法,具体代码如下所示。

```
public ActionResult AddOne(int id)
    {
        ShoppingCarts cart = db.ShoppingCarts.Where(a => a.CartID.Equals
(id)).First();
        cart.Number = cart.Number + 1;
        db.ShoppingCarts.Attach(cart);
        db.Entry<ShoppingCarts>(cart).State = System.Data.Entity
.EntityState.Modified;
```

图 5.9　购物车页面

```
        db.SaveChanges();
        return RedirectToAction("Index");
    }
    public ActionResult MinusOne(int id)
    {
        ShoppingCarts cart = db.ShoppingCarts.Where(a => a.CartID.
Equals(id)).First();
        cart.Number = cart.Number - 1;
        if (cart.Number == 0)
        {
            db.ShoppingCarts.Remove(cart);
            db.SaveChanges();
        }
        else
        {
            db.ShoppingCarts.Attach(cart);
            db.Entry<ShoppingCarts>(cart).State = System.Data.Entity
.EntityState.Modified;
        }
        db.SaveChanges();
        return RedirectToAction("Index");
```

```
        }

        public ActionResult Delete(int id)
        {
            ShoppingCarts cart = db.ShoppingCarts.Where(a => a.CartID.
Equals(id)).First();
            db.ShoppingCarts.Remove(cart);
            db.SaveChanges();
            return RedirectToAction("Index");
        }
```

这 3 个方法都有一个参数 id 是视图传递的购物车 ID,然后对数据库中的数据进行修改和删除操作,在 MinusOne()中需要进行条件判断,当数量为 0 时,需要将该图书删除。

最后,确认没有问题后单击“结算”按钮生成订单,同时清空购物车,新建基架为“MVC 5 控制器-空”的 CheckoutController 控制器用于结算功能,将 Index()方法名修改为 Checkout 并修改代码如下。

```
public class CheckoutController : Controller
    {
        BookStoreModel db = new BookStoreModel();
        //GET: Checkout
        public ActionResult Checkout()
        {
            int userid = Convert.ToInt32(Session["UserId"].ToString().Trim());
             var cart = db.ShoppingCarts.Include("Books").Include("Users").
Where(a => a.UserId.Equals(userid)).ToList();
            if (cart.Count() == 0)
            {
                return Content("<script>alert('还没有添加任何图书!');history.
go(-1);</script>");
            }
            return View();
        }
    }
```

在 Checkout()方法上右击,从弹出的快捷菜单中选择新建视图,创建模型为 Orders 的强类型视图 Checkout,但页面上只输入收货人、联系电话和收货地址等信息,代码如下。

```
@model BookStore.Models.Orders

@{
    ViewBag.Title = "Index";
}
```

```
<h2>结算</h2>

@using (Html.BeginForm())
{
    @Html.AntiForgeryToken()

    <div class="form-horizontal">
        <h4>填写收货信息</h4>
        <hr />

        <div class="form-group">
            @Html.LabelFor(model => model.ReceiveUserName, htmlAttributes:
new { @class = "control-label col-md-2" })
            <div class="col-md-10">
                @Html.EditorFor(model => model.ReceiveUserName, new
{ htmlAttributes = new { @class = "form-control" } })
                @Html.ValidationMessageFor(model => model.ReceiveUserName,
"", new { @class = "text-danger" })
            </div>
        </div>

        <div class="form-group">
            @Html.LabelFor(model => model.ReceivePhone, htmlAttributes: new {
@class = "control-label col-md-2" })
            <div class="col-md-10">
                @ Html. EditorFor ( model = > model. ReceivePhone, new {
htmlAttributes = new { @class = "form-control" } })
                @Html.ValidationMessageFor(model => model.ReceivePhone, "",
new { @class = "text-danger" })
            </div>
        </div>

        <div class="form-group">
            @Html.LabelFor(model => model.ReceiveAddress, htmlAttributes: new
{ @class = "control-label col-md-2" })
            <div class="col-md-10">
                @Html.EditorFor(model => model.ReceiveAddress, new
{ htmlAttributes = new { @class = "form-control" } })
                @Html.ValidationMessageFor(model => model.ReceiveAddress, "",
new { @class = "text-danger" })
            </div>
        </div>
```

```
    <div class="form-group">
        <div class="col-md-offset-2 col-md-10">
            <input type="submit" value="提交订单" class="btn btn-default" />
        </div>
    </div>
</div>
}
```

Checkout 视图用于输入该订单的收货人、电话和收货地址信息,运行页面如图 5.10 所示。

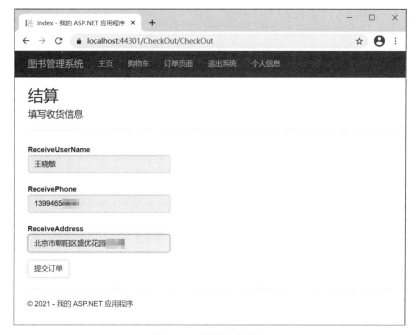

图 5.10　填写收货信息

输入收货人姓名、电话和地址后,单击"提交订单"按钮将在数据库订单表中生成一个订单,在订单详情表中插入对应的商品信息,并清空购物车,在 Checkout 控制器中添加 HttpPost 类型的 Checkout()方法。

```
BookStoreModel db = new BookStoreModel();
[HttpPost]
    public ActionResult Checkout(Orders orders)
    {
        if (ModelState.IsValid)
        {
            int userid = Convert.ToInt32(Session["UserId"].ToString().Trim());
            var cart = db.ShoppingCarts.Include("Books").Include("Users")
.Where(a => a.UserId.Equals(userid)).ToList();
```

```
            Orders order = new Orders();
            order.UserId = userid;
            order.CreateTime = DateTime.Now;
            order.State = OrderState.待付款;
            order.TotalMoney = cart.Sum(s => s.Number * s.Books.Price);
            order.ReceiveAddress = orders.ReceiveAddress;
            order.ReceivePhone = orders.ReceivePhone;
            order.ReceiveUserName = orders.ReceiveUserName;
            db.Orders.Add(order);
            db.SaveChanges();
            foreach(var book in cart)
            {
                OrderDetails od = new OrderDetails();
                od.OrderID = order.OrderID;
                od.BookID = book.BookID;
                od.Number = book.Number;
                order.OrderDetails.Add(od);
                db.ShoppingCarts.Remove(book);
            }
            db.SaveChanges();
            return View("Complete");
        }
        return View(orders);
    }
```

当模型验证通过后,从 Session 中获取 UserID,并根据当前用户购物车中的数据生成订单和订单详情,之后将购物车清空,其中订单状态使用的是 3.6.2 节中定义的 OrderState 枚举中的待付款状态。

订单保存成功后,提示用户图书购买成功,在 Views/Checkout 目录下添加 Complete 视图。

```
@{
    ViewBag.Title = "Complete";
}

<h2>订单完成</h2>

<div>图书购买成功,祝您购物愉快!</div>
@Html.ActionLink("继续购物","Index","Home")
```

运行程序,单击"提交订单"按钮,将弹出订单完成页面,如图 5.11 所示。

图 5.11　订单完成页面

5.6　同 步 训 练

1. 在 Models 目录中创建 ClassEnum 枚举，内容是：一年级、二年级、三年级。在 HomeController 的 Index（）方法中定义 ViewBag.ClassEnum 对象，将 ClassEnum 枚举作为下拉列表中的数据源。

2. 在 Views/Student 文件夹下创建分部视图 SearchStudentPartial.cshtml，使用 HTML 在页面上添加一个表单（访问 Student 控制器下的 GetStudent（）方法）。表单中共有 3 个控件：第一个是标签（显示"年级"）；第二个是下拉列表，显示 ViewBag.ClassEnum 中的内容；第三个是名为"查询"的提交按钮。

3. 在 Views/Home 的 Index.cshtml 页面底端使用 HTML 辅助方法渲染 SearchStudentPartial.cshtml 分部视图。

第6章

辅 助 方 法

本章导读：

如果对 Web Forms 及其服务器控件已经非常熟悉，那么当转向 ASP.NET MVC 模型时，可能会感到震惊。在 ASP.NET MVC 中，与 Web Forms 相同的功能是要借助不同的工具集完成的。ASP.NET MVC 框架使用不同的模式，它并不是以页面为基础的，而且依赖一个比 Web Forms 更单薄的抽象层。其结果是不会有丰富的如服务器控件这样的原生组件快速配置一个友好的用户界面，其中元素可以在回传期间保留它们的内容。这一事实看似导致生产效率降低，至少对某些类型的应用程序来说是这样的，例如那些很大程度上基于数据输入的应用程序。其实，在 ASP.NET MVC 中编写的代码在概念和实质上更接近于底层；因此，它用到更多代码行，并且会使开发人员对生成的 HTML 和运行时环境的实际行为有更多的控制。

辅助器方法(Helper Method)在 ASP.NET MVC 中的协助开发占据重要位置，并且不同用途的 Helper 由 ASP.NET MVC Framework 直接提供，其作用是对代码块和标记进行打包，以便能够在整个 MVC 框架应用程序中重用。ASP.NET MVC 的辅助方法包含 HTML 辅助方法和 Ajax 辅助方法。HTML 辅助方法是用来辅助 HTML 开发的。与 HTML 辅助方法不同的是，Ajax 辅助方法也可以用来创建表单和指向控制器操作的链接，但是它是异步的。

Ajax 技术是当前很热门的技术，可以让用户的体验更好。Ajax 的全称是 Asynchronous JavaScript And XML，即异步的 JavaScript 和 XML。Ajax 是由 Jesse James Gaiiet 创造的名词，是一种创建交互式网页应用的网页开发技术。Ajax 技术需要支持 Ajax 技术的 Web 浏览器作为运行平台，目前主流的浏览器都支持 Ajax 技术，如 IE、Firefox、Safari、Chome、Opera 等。

本章要点：

本章主要介绍 HMTL 辅助方法和 Ajax 辅助方法，首先讲解 HTML 辅助方法的工作原理，介绍如何为 Web 应用程序构建表单，如何使用 ASP.NET MVC 框架中的辅助方法渲染页面、生成链接，以及根据需求自定义辅助方法；然后讲述如何使用 Ajax 辅助方法生成链接和表单；最后在项目实施小节使用辅助方法完成图书查询和首页分类显示图书功能。

这些辅助方法的目标并不是"拿走"开发人员对应用程序标记的控制权。相反，它们的目标是，在项目开发过程中，在保留对标记的完全控制权的同时提高开发效率。本章旨在展示如何通过 ASP.NET MVC 中的表单获得输入数据，然后在一个数据持久层对其进行验证和处理。

6.1　HTML 辅助方法

学习过 HTML 的用户都知道,在页面上输入 HTML 元素是很容易、很简单的事情。例如定义一个表单如下。

```
<form action="/Htmlhelper/Hello" method="get">
    <input type="text" name="name" placeholder="输入姓名" />
    <input type="submit" value="提交" />
</form>
```

上面的搜索示例展示了在 ASP.NET MVC 框架中使用 HTML 表单的简易性。Web 浏览器从表单中收集用户输入的信息并向 MVC 应用程序发送一个请求,这里的 MVC 运行时可以自动将这些输入值传递给要响应的操作方法的参数。

当然,并非所有的情形都与搜索表单一样容易。事实上,刚才将搜索表单简化到了很脆弱的程度。如果把刚才的应用程序部署到一个非网站根目录的目录中,或者修改路由定义,那么手动编写的操作值可能会把用户的浏览器导航到一个网站上并不存在的资源处。

在视图中输入标签名称是很容易的事情,但是确保 HTML 页面链接中的 URL 指向正确的位置、表单元素拥有适用于模型绑定的合适名称和值,以及当模型绑定失败时其他元素能够显示相应的错误提示消息,视图和运行环境之间的协调配合,这些才是使用 HTML 的难点。

6.1.1　HTML 辅助方法的工作原理

每个 Razor 视图都继承了它基类的 Html 属性,可以用来在视图模板中帮助生成 HTML 界面。Html 属性的类型是 System.Web.Mvc.HtmlHelper<T>,这里的 T 是一个泛型类型的参数,代表传递给视图的模型类型(默认是 dynamic)。这个属性提供了一些可以在视图中调用的实例方法,如 EnableClientValidation(选择性地开启或关闭视图中的客户端验证)。事实上,框架定义的大多数辅助方法都是扩展方法。在智能感知窗口中,当方法名称左边有一个向下的箭头时,就说明这个方法是一个扩展方法。

关于 HTML 辅助方法的工作原理,这里不做深入研究,只描述一下工作原理的轮廓。

(1) MVC 中,View 的后缀为.cshtml,可以将其拆分为.cshtml=.cs＋html,即由后台.cs 代码＋html 标签构成。

(2) 既然 View 由后台代码.cs＋html 标签构成,那么什么标签能满足这两个条件呢?答案是 HTML 辅助方法,由此可知道 HTML 辅助方法扮演后台代码和前端 HTML 代码的中间者——桥梁。

(3) 既然 HTML 辅助方法扮演后台代码和前端 HTML 的桥梁,那么其与后台有哪些联系呢?

- 与 Model 的联系,如 HTML 强辅助方法使用 Lambda 表达式。

- 与 Conteller 联系,如 Html.ActionLink。
- 与 Route 联系,如 Html.RouteLink。
- 与 ModelState 联系,如在验证输入值的合法性时,若验证错误,则错误消息存在模型状态中,然后返回给 HTML 相应的辅助方法。

知道 HTML 辅助方法与后台的联系之后,接下来做什么呢? 就是渲染 HTML,返回给视图和浏览器。

6.1.2 创建表单

在一个 Web 应用程序中,最常见的交互形式是 HTML 表单,两个最有用(且最常用)的辅助器是 Html.BeginForm 和 Html.EndForm。这些辅助器创建 HTML 的 Form 标签,并且会根据应用程序的路由机制为这个 Form 生成一个有效的 action 标签属性。

BeginForm()方法有 13 个不同的版本,能够越来越具体地说明要生成的 Form 元素。如下所示将产生一个 Form 表单,其中包含了 3 个参数,其 Action 标签属性确保该表单会被回传给 Search ( ) 方法,Controller 为 HomeController,提交方式为 HttpGet,EndForm 辅助器只有一个定义,它只是给视图添加</form>标签,以关闭表单元素。

```
@{Html.BeginForm("Search", "Home", FormMethod.Get);}
    <input type="text" name="SearchText" />
    <input type="submit" name="Search" />
@{Html.EndForm();}
```

还有一种更为常用的做法,它将 BeginForm 辅助器方法的调用封装在一个 using 表达式中。在 using 块的最后,.NET 运行时会在 BeginForm()方法返回的对象上调用 Dispose()方法,相当于调用了 EndForm()方法。

```
@using (Html.BeginForm("Search", "Home", FormMethod.Get))
{
    <input type="text" name="SearchText" />
    <input type="submit" name="Search" />
}
```

这种方法称为自关闭表单,它使 Form 开、闭标签之间的内容很清晰,不管使用哪种方法定义表单,最后在浏览器产生的 HTML 标签都如下所示。

```
<form action="/Home/Search" method="get">
    <input type="text" name="SearchText" />
    <input type="submit" name="Search" />
</form>
```

除回传方法和提交方式外,通常还需要设置一些其他参数,例如 HtmlAttribute 属性,设置元素的 class 特性,因为 class 是 C♯语言的保留关键字,不能用作属性名称或标识符,所以必须在 class 前面加一个@符号作为前缀。

```
@using(Html.BeginForm("Search", "Home", FormMethod.Get,new {target = "_blank",
```

```
@class="editForm"}))
```

另一个问题是将属性设置为带有连字符的名称（例如 data-validatable）。带有连字符的 C♯ 属性名是无效的，但所有的 HTML 辅助方法在渲染 HTML 时会将属性名中的下画线转换为连字符。

```
@using(Html.BeginForm("Search", "Home", FormMethod.Get,
new {target = "_blank",@class="editForm", data_validatable=true}))
```

以下是调用 BeginFrom 产生的 HTML Form 标签。

```
<form action="/Home/Search" class="editForm" data-validatable="true" method
="get" target="_blank"></form>
```

1. 输入元素辅助方法

仅有 HTML 的 Form 是没用的，除非还创建了一些 input 元素。表 6.1 列出了一些基本的 HTML 输入辅助方法，它们可用于创建 input 元素，并且给出了这些方法所产生的 HTML 示例。所有这些辅助器方法，第一个参数都用于设置 input 元素的 id 和 name 标签属性，第二个参数都用于设置 value 标签属性。

表 6.1　基本的 HTML 输入辅助方法

HTML 元素	示　　例
HiddenField	@Html.Hidden("HfName"，"valueText") 输出的 HTML 元素： `<input id="HfName" name="HfName" type="hidden" value="valueText"/>`

CheckBox	@Html.CheckBox("CbName"，false)
	输出的 HTML 元素：
	`<input id="CbName" name="CbName" type="checkbox" value="true"/>`
	`<input name="CbName" type="hidden" value="false"/>`

RadioButton	@Html.RadioButton("RbName"，"value1"，true)
	@Html.RadioButton("RbName"，"value2"，false)
	输出的 HTML 元素：
	`<input checked="checked" id="RbName" name="RbName" type="radio" value="value1"/>`
	`<input id="RbName" name="RbName" type="radio" value="value2"/>`

TextBox	@Html.TextBox("TbName"，"valueText") 输出的 HTML 元素： `<input id="TbName" name="TbName" type="text" value="valueText"/>`
TextArea	@Html.TextArea("TaName"，"valueText"，5，20，null) 输出的 HTML 元素： `<textarea cols="20" id="TaName" name="TaName" rows="5">valueText</textarea>`
Password	@Html.Password("PName"，"pValue") 输出的 HTML 元素： `<input id="PName" name="PName" type="password" value="pValue"/>`

CheckBox 辅助器(Html.CheckBox)渲染了两个 input 元素：一个检查框(checkbox)和随后的一个同名的隐藏 input 元素。这是因为浏览器在检查框未作出选择时，不会递交检查框的值。有了这个隐藏控件，可以确保 MVC 框架在作出选择后，从这个隐藏字段获得一个值。

上述每个输入辅助方法都是重载的，该表只列出最简单的版本，但可以提供一个额外的 object 参数，以指定 HTML 属性，就像前面使用 Form 元素一样。

上面的输入元素一般都需要传递两个参数，但还有另一种重载版本，它只接受一个单一的字符串参数。

```
@Html.TextBox("UserName")
```

将使用这种 string 参数搜索视图数据 ViewBag 和 Model 视图模型，以找到一个能用于 input 元素的相应数据项。因此，如果调用@Html.TextBox("FieldName")，MVC 框架会尝试找出与这个键 FieldName 相关联的某个数据项。例如 ViewBag.FieldName 或者 Model.FieldName，只有找到含有名称为 FieldName 的属性或者字段时，才会起作用。

其次，每个基本的 input 辅助方法都有一个对应的强类型辅助器，这些辅助器只能用于强类型视图。

```
@Html.TextBox(x=>x.UserName)
```

这些强类型 input 辅助方法以 Lambda 表达式进行工作，传递给表达式的值是视图模型对象，以及可以选择的字段或属性，它们将被用于设置 value 标签属性。

2. Select 辅助方法

表 6.2 列出了可以用来创建 Select 元素的辅助方法。这些方法可用于从一个下拉列表选择一个选项，或表现一个允许多选的 Select 元素。

表 6.2　Select 辅助方法

HTML 元素	示　　例
DropdownList	@Html.DropDownList("DdlName", new SelectList(new [] {"选项一","选项二"}),"请选择") 输出的 HTML 元素： \<select id="DdlName"　name="DdlName"\> 　　\<option value=""\>请选择\</ option\> 　　\<option\>选项一\</ option\> 　　\<option\>选项二\</ option\> 　\</select\>
MultipleSelect	@Html.ListBox("LbName", new MultiSelectList(new[] { "选项一", "选项二" })) 输出的 HTML 元素： \<select id="LbName" multiple="multiple" name=" LbName"\> 　　\<option\>选项一\</option\> 　　\<option\>选项二\</option\> \</select\>

　　Select 辅助方法以 SelectList 或 MultiSelectList 为参数。这些类的差异在于 MultiSelectList 有构造器选项，在最初渲染页面时，让你指定被选择的多个初值。和其他表单元素一样，这些辅助器也有弱类型和强类型版本，强类型版本如下所示。

```
@Html.DropDownList(x => x.Sex, new SelectList(new[] { "男", "女" }))
@Html.ListBox(x => x.Hobby, new MultiSelectList(new[] { "唱歌", "跳舞" ,"游泳",
"健身"}))
```

　　上面用到的 Select 辅助方法，选择项是在定义元素时写好的，除了在页面上直接定义数据源，还有以下几种方法。

　　（1）在控制器中定义。

Controller 代码如下：

```
public ActionResult Index()
{
    List<SelectListItem> listItem = new List<SelectListItem>();
    listItem.Add(new SelectListItem { Text = "是", Value = "1" });
    listItem.Add(new SelectListItem { Text = "否", Value = "0" });
    ViewData["List"] = new SelectList(listItem, "Value", "Text", "");
    return View();
}
```

　　View 代码如下：

```
//参数依次为下拉列表的名字、指定的列表项、默认选择项的值
@Html.DropDownList("List", ViewData["List"] as SelectList, "请选择")
```

　　（2）数据来自数据库。

Controller 代码如下：

```
public ActionResult Index()
{
    var list = new SelectList(db.Roles, "RoleId", "RoleName", "3");
    //参数依次为数据集合、数据值、数据文本、选中项的值
    ViewBag.List = list;
    return View();
}
```

　　View 代码如下：

```
@Html.DropDownList("List");
```

　　（3）数据来自枚举类型。

定义 Enum：

```
public enum Role
{
    管理员,
```

  用户

}

Controller 代码如下：

```
public ActionResult Index()
{
    ViewBag.Role = new SelectList(Enum.GetValues(typeof(Role)),"");
    return View();
}
```

View 代码如下：

```
@Html.DropDownList("Role")
```

3. 显示元素

除了输入元素和选择元素外，在视图上还有一些便于用户操作的标签和提示信息，即显示元素，见表 6.3。

<center>表 6.3　显示元素</center>

HTML 元素	示 例
Label	@Html.Label("这是一个文本") 输出的 HTML 元素： <label>这是一个文本</label>
ValidationMessage	在控制器方法中添加： ModelState.AddModelError("ErrorMsg "，"这是一个错误消息")； 视图： @Html.ValidationMessage("ErrorMsg") 输出的 HTML 元素： <span class="field-validation-error" data-valmsg-for="Errorwsg" data-valmsg-replace="true"> 错误消息 </span>
ValidationSummary	在控制器方法中添加： ModelState.AddModelError(""，"没有指定错误字段")； 视图： @Html.ValidationSummary() 输出的 HTML 元素： <div class="validation-summary-errors" data-valmsg-summary="true "> <ul> <li> :: marker"没指定" </li> </ul> </div>

  Label 很少独自存在，几乎都是伴随表单域成对出现的，作为该字段的提示说明文字，字

段的说明文字内容来自 Model 中该字段的 DisplayAttribute 或者 DisplayNameAttribute
设置。

ValidationMessage 是用来生成 HTML 表单域验证信息的容器，错误信息由 Model
Binding 的 Model Binder 发现错误并反映到页面上。ASP.NET MVC 数据验证框架具有
前后端同时验证的能力，启用前端验证后，数据验证的错误信息也会使用同样由
ValidationMessage 所生成的容器放置信息。

ValidationSummary 会汇总所有已知的验证错误信息，统一显示在 ValidationSummary
所产生的容器中。而 ValidationMessage 是利用独立的容器显示单一验证错误信息，两者的
呈现方式不相同，不过用途是一样的，都是呈现数据验证到的错误部分。在后端验证中即使
字段验证全部通过，仍有可能存在系统里其他业务检查的信息，如"很抱歉，今日已达注册上
限，目前无法开放注册"这样的信息，可以在后端维护 ModelState，让这个没有字段直接关联
的信息得以显示。

如果没有错误，ValidationMessage() 和 ValidationSummary() 方法会在表单中以占
位符的方式创建一个隐藏的列表项；否则，MVC 会使这个占位符可见，并添加由验证注
解属性定义的错误消息。

6.1.3　Html.ActionLink 和 Html.RouteLink

ActionLink 辅助方法能够渲染一个＜a＞超链接（锚标签），渲染的链接指向另一个
控制器操作。与前面看到的 BeginForm 辅助方法一样，ActionLink 辅助方法在后台使用
路由 API 生成 URL。例如，当超链接的操作所在控制器与用来渲染当前视图的控制器
一样时，只需要指定操作的名称：

```
Html.ActionLink("LinkText", "AnotherAction")
```

这里假设采用的是默认路由，那么这行代码就会生成如下所示的 HTML 标记：

```
<a href="/Home/AnotherAction">LinkText</a>
```

当需要一个指向不同控制器操作的链接时，可通过 ActionLink() 方法的第 3 个参数
指定控制器名称。例如，要链接到 BooksController 的 Index 操作，可以使用下面的代码：

```
Html.ActionLink(""图书列表", "Index","Books")
```

注意，上面指定的控制器名称中没有 Controller 后缀，这些辅助方法提供的重载版本
允许只指定操作名称，或者同时指定控制器名称和操作名称。

在很多应用场合中，路由参数的数量会超过 ActionLink() 方法重载版本的处理能
力。例如，可能需要在路由中传递一个 ID 值，或者应用程序的其他一些特定路由参数。
显而易见，内置的 ActionLink 辅助方法没有提供处理这些情形的重载版本。但是，可以
通过使用其他 ActionLink 重载版本向辅助方法提供所必需的路由值。其中有一个版本
允许向它传递一个 RouteValueDictionary 类型的对象；另一个版本允许给 routeValues
参数传递一个对象（通常是匿名类型的）。运行时会查看该对象的属性并使用它们构建路
由值（属性名称就是路由参数的名称，属性值代表路由参数的值）。例如，构建一个查询

BookName 为"程序开发"的图书列表页面的链接,可以使用如下所示的代码:

```
@Html.ActionLink("图书列表", "Index", "Books", new{ BookName="程序开发"}, null)
```

上述重载方法的最后一个参数是 htmlAttributes,本章前面部分已经讲解了如何使用这个参数设置 HTML 元素上的特性值。上面的代码传递了一个 null(实际上没有设置 HTML 元素上的任何特性值)。尽管上面的代码未设置任何特性,但是为了调用 ActionLink 这个重载方法,必须给这个参数传递一个值。

RouteLink 辅助方法和 ActionLink 辅助方法遵循相同的模式,但是 RouteLink 只可以接收路由名称,而不能接收控制器名称和操作名称。例如,ActionLink 的第一个例子也可以用下面的代码实现:

```
Html.RouteLink("LinkText", new {action="AnotherAction" })
```

6.1.4 渲染辅助方法

当需要将某个.cshtml 文件作为当前视图的一部分或者作为布局页的一部分插入该文件中的某个位置时,可以用分部页或者分部视图实现。

分部页和分部视图的作用类似于 Web 窗体(Web Forms)的用户控件,一般将这种页面保存在单独的文件中,以便重复将其插入其他页中的某个位置。渲染辅助方法可以在应用程序中生成指向其他资源的链接,也可构建被称作分部视图的可重用 UI 片段。

1. 父视图和子视图

分部视图(Partial View)也叫子视图。子视图是相对于其父视图而言的。父视图可能是视图(View),也可能是分部视图,而子视图肯定是分部视图。

在控制器中,可通过 PartialView()方法返回子视图。例如:

```
public ActionResult Index(string id)
{
    return PartialView(id);
}
```

在操作方法中调用 PartialView()方法的好处是可动态地将某些内容插入父视图中。

2. 呈现分部视图的帮助器

由于分部视图仅作为其父视图的部分,因此需要在父视图中指定插入分部视图的目标位置,或者用 Ajax 实现(通过 Ajax 选项指定局部更新的目标元素的 ID)。在父视图中呈现子视图的 Html 帮助器有 Html.Partial、Html.RenderPartial、Html.Action、Html.RenderAction 及 Html.RenderPage。

在布局页、视图页或别的分部视图中,都可以通过这些帮助器将一个分部视图插入当前页面中。

- Html.Partial

System.Web.Mvc.Html.PartialExtensions 类提供了将分部视图呈现为 HTML 编码字符串的功能。该类包含多个重载的静态 Partial()方法;在父视图中,可通过下面的重载形式之一将某个子视图插入当前页中的某个位置。

```
public  static  MvcHtmlString  Partial (this  HtmlHelper  htmlHelper,  string
partialViewName);
public  static  MvcHtmlString  Partial (this  HtmlHelper  htmlHelper,  string
partialViewName, ViewDataDictionary viewData);
public  static  MvcHtmlString  Partial (this  HtmlHelper  htmlHelper,  string
partialViewName, object model);
Public  static  MvcHtmlString  Partial (this  HtmlHelper  htmlHelper,  string
partialViewName, object model, ViewDataDictionary viewData);
```

例如,将"Views/Shared/PartialView.cshtml 分部视图插入一个视图中,可使用下面的办法实现。

```
@ * 用法 1:不带扩展名 * @
@Html.Partial ("PartialView")
@ * 用法 2:带扩展名 * @
@Html.Partial ("~/Views/Shared/PartialView.cshtml")
@ * 用法 3:当满足指定条件时才插入该分部页 * @
@if(…)
{
    Html.Partial("PartialView");
}
```

Partial()方法的所有重载形式返回的都是已经进行过 HTML 编码的字符串,当参数中指定的文件名不带扩展名时,它会先查看当前父窗体所在目录是否存在 PartialView.cshtml 文件,如果不存在,再依次查找项目 View 根目录下的 Shared 文件夹,如果都不存在,则显示错误。

如果参数中指定的文件名包括扩展名,这种情况下必须指定该文件的完整路径,当需要给分部视图传递数据时,可将数据放入第二个参数。

- Html.RenderPartial

RenderPartial()方法是 System.Web.Mvc.Html.RenderPartialExtensions 类提供的静态的 Html 扩展方法,其重载形式和 Partial()方法的重载形式相似,将 Partial 重载形式中的所有 Partial 换为 RenderPartial,就是 RenderPartial()方法的重载形式。另外,两者的用法也非常相似,区别仅是前者可直接用@ Html.Partial(…)的形式调用它(返回 MvcHtmlString 类型,可将其赋值给某个变量重复调用);后者必须以内联方式呈现,即采用@{Html.RendParlial(…);}的形式调用它(返回 void 类型)。

下面演示使用 Html.RenderPartial 渲染 6.1.3 节中的 PartialView.cshtml,代码如下:

```
@ * 用法 1:不带扩展名 * @
@{Html.RenderPartial("PartialView");}
@ * 用法 2:带扩展名 * @
@{Html.RenderPartial("~/Views/Shared/ PartialView.cshtml ");}
```

- Html.Action 和 Html.RenderAction

在 System.Web.Mvc.Html.ChildActionExtensions 类中分别定义了 Html.Action()
方法和 Html.RenderAction()方法,这两个方法都是静态的 Html 扩展方法,用于呈现通
过操作方法返回的子视图。

在布局页、视图页、分部页或者其他分部视图中,都可以通过 @ Html.Action 和
@ Html.RenderAction 以实例方式调用这两个方法。在父视图中,可通过下面的 Html.
Action()重载形式之一将操作方法返回的子视图(或分部视图)呈现到父视图中的某个
位置。

```
public static MvcHtmlString Action (this HtmlHelper htmlHelper, string
actionName);
public static MvcHtmlString Action (this HtmlHelper htmlHelper, string
actionName,object routeValues);
public static MvcHtmlString Action (this HtmlHelper htmlHelper, string
actionName, RouteValueDictionary routeValues);
public static MvcHtmlString Action (this HtmlHelper htmlHelper, string
actionName,string controllerName);
public static MvcHtmlString Action (this HtmlHelper htmlHelper, string
actionName,string controllerName, object routeValues);
public static MvcHtmlString Action (this HtmlHelper htmlHelper, string
actionName,string controllerName, RouteValueDictionary routeValues);
```

例如,在 Home 控制器中编写下面的代码:

```
public ActionResult Hello()
{
    return Content(string.Format("Hello,今天是{0:dddd}", DateTime.Now));
}
```

在视图中就可以用类似下面的代码调用 Action()方法和 RenderAction()方法。

```
<p>@Html.Action("Hello", "Home ")</p>
<p>@{ Html.RenderAction ("Hello","Home ");}</p>
```

从功能上来说,Action 和 RenderAction 的区别仅在于: Action 帮助器返回的是经过
HTML 编码的字符串(MvcHtmlString 类型),可将 Action 返回的结果赋值给某个变量
重复使用;而 RenderAction 帮助器返回的类型为 void,在父视图中直接以 @{…}的形式
使用。

当 Action 和 RenderAction 向服务器提供请求时,使用的都是当前 HTTP 上下文,
其本质含义是: 子视图可以访问其父视图中的数据。下面通过例子演示具体用法。

父视图文件的代码如下:

```
@{
    var action1 = Html.Action("ShowHello", "Home", new { name = "张三" });
    var action2 = Html.Action("ShowHello", "Home", new { name = "王五" });
```

```
}
<h4>呈现子视图的 Html 帮助器(Action、RenderAction) 基本用法</h4>
<h4 class="bg-success">基本用法 1</h4>
<p>@Html.Action("ShowHello", "Home")</p>
<p>@action1</p>
<p>@{Html.RenderAction("ShowHello", "Home", new { name = "李四" });}</p>
<h4 class="bg-success">基本用法 2</h4>
@{
    var today = DateTime.Now;
    if (today.Year >= 2014)
    {
        <p>@action2</p>
        Html.RenderAction("ShowHello", "Home", new { name = "赵六" });
    }
}
```

在这段代码中，通过 Html.Action 和 Html.RenderAction 调用了控制器中的 ShowHello 操作方法，控制器中对应的 ShowHello 操作方法如下。

```
public  ActionResult ShowHello(string name)
{
    if (string.IsNullOrEmpty(name))
    {
        return Content(string.Format("Hello,今天是{0:dddd}", DateTime.Now));
    }
    else
    {
        ViewBag.Message = "欢迎您," + Server.HtmlEncode(name);
        return PartialView();
    }
}
```

该操作方法返回分部视图(ShowHello.cshtml 文件)，该分部视图的代码非常简单，只有一行代码：

```
<h5>@ViewBag.Message</h5>
```

运行程序，结果如图 6.1 所示。

• Html.RenderPage()方法和 PageData 属性

System.Web.Mvc.WebViewPage 类还提供了一个 RenderPage()方法，该方法也是在当前视图(View)内呈现另一个分部视图(Partial View)的内容，它和 Html.Partial()方法的主要区别是：利用该方法可将数据直接通过参数传递给子视图。

RenderPage()方法的语法形式如下：

```
public override HelperResult RenderPage( string path, params Object[] data)
```

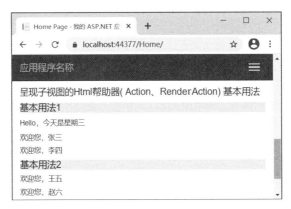

图 6.1　Html.Action()方法示例页面

data 表示传递给子视图的可变个数的数组。在子视图中,可利用 PageData 属性访问这些数据。例如,在父视图中有下面的语句:

```
@RenderPage("MyPartial.cshtml", "张三", 20)
```

或者:

```
@RenderPage("MyPartial.cshtml", new { name = "张三", age = 20})
```

那么,在子视图 MyPartial.cshtml 文件中,就可以通过@PageData["name"]和@PageData["age"]分别获取父视图传递给它的数据。

3. 使用分部视图时需要注意的事项

使用分部视图或者子视图时,需要注意以下事项。

(1) ViewData、ViewBag 的使用。

MVC 在实例化分部视图时,会自动将其父视图的 ViewData 对象或者 ViewBag 对象复制一份到分部视图中,所以分部视图可以访问其父视图的数据。但是,如果在分部视图中更新了这些数据,由于它是复制其父视图的 ViewData 或者 ViewBag 对象,所以分部视图只会影响自己内部的 ViewData 或者 ViewBag 对象,而不会影响其父视图中的 ViewData 或者 ViewBag 对象。

(2) 不要在分部视图中定义 section。

在分部视图中,section 的定义不起作用。例如,在分部视图中,下面的代码不起作用:

```
@section Scripts{
    <script>
    …
    </script>
}
```

这是因为 section 的定义是通过父视图来处理的,而父视图只负责将分部视图插入其内部的某个位置,它不会进一步解析分部视图内的代码,因此,在分部视图内定义的

section 无效。但是，在分部视图中仍然可以使用客户端脚本，包括 jQuery 代码、JavaScript 代码及 BootStrap 脚本代码等。

（3）子操作中的异常处理。

子操作是指返回分部视图（PartialViewResult 类型）的操作方法。在控制器中，父操作不处理子操作中出现的异常。或者说，当子操作出现异常时，父操作会直接忽略该异常，也不会显示错误。因此，必须在子操作中处理可能产生的异常。

6.1.5 URL 辅助方法

URL 辅助方法与 HTML 的 ActionLink 和 RouteLink 辅助方法相似，但它不是以 HTML 标记的形式返回构建的 URL，而是以字符串的形式返回这些 URL。对此，有三种辅助方法。

- Action

Action 辅助方法与 ActionLink 非常相似，但是它不返回锚标签。例如，下面的代码会显示 UserID 为 3 的用户详细页面 URL（不是超链接）：

```
<span>
    @Url.Action("Detial" , "Users", new { UserId = 3 }, null)
</span>
```

会生成如下所示的 HTML 标记：

```
<span>
    /Users/Detial?UserId=3
</span>
```

- RouteUrl

RouteUrl 辅助方法与 Action 辅助方法遵循同样的模式，但与 RouteLink 一样，它只接收路由名称，而不接收控制器名称和操作名称。

- Content

Content 辅助方法特别有用，因为它可以把应用程序的相对路径转换成绝对路径。例如下面的代码：

```
<script src="@Url.Content("~/Scripts/jquery-3.4.1.min.js")"
  type="text/javascript"></script>
```

上面的代码在传递给 Content 辅助方法的字符串前面使用波浪线作为第一个字符，这样，无论应用程序部署在什么位置，辅助方法都可以让其生成指向正确资源的 URL（这里可以把波浪线看成应用程序的根目录），当～出现在 script、style 和 img 元素的 src 特性时，就会被自动解析。在不加波浪线的情况下，如果在目录树中挪动应用程序虚拟目录的位置，生成的 URL 就会失效。

6.1.6 自定义辅助方法

HTML 辅助方法主要用来在视图中生成 HTML 标记，它们通常作为 HtmlHelper、

AjaxHelper 或 UrlHelper 类的扩展方法来编写,具体作为哪一个类的扩展方法,则根据要生成的内容确定:是纯 HTML,是支持 Ajax 的 HTML,还是 URL。使用辅助方法可以让开发 View 页面的过程节省不少时间,但 MVC 内置的 HTML 辅助方法有限,这时可以自行扩充 HTML 辅助方法。

扩展方法是静态类中的静态方法,该类的命名空间设置为 System.Web.Mvc.Html,它们通过其第一个参数上的 this 关键字告知编译器它们提供的扩展类型。例如,如果想为 HtmlHelper 类提供一个生成 img 标签的扩展方法,可编写如下代码:

```
namespace System.Web.Mvc.Html
{
    public static class ImageExtension
    {
        public static MvcHtmlString Image(this HtmlHelper html, string id,
string src, string width, string height, string cssClass, Dictionary<string,
object> attributes)
        {
            TagBuilder tagHelper = new TagBuilder("img");
            tagHelper.GenerateId(id);
            tagHelper.MergeAttribute("src", src);
            tagHelper.MergeAttribute("width", width);
            tagHelper.MergeAttribute("height", height);
            if (attributes != null && attributes.Count > 0)
                tagHelper.MergeAttributes(attributes);
            return MvcHtmlString.Create(tagHelper.ToString(TagRenderMode
.SelfClosing));
        }
    }
}
```

可以看到,Image()方法的返回类型为 MvcHtmlString,其实 HTML 辅助方法可以返回 string 字符串类型,也可以返回 System.Web.Mvc.MvcHtmlString 类型,差别在于通过 Razor 输出 HTML 会对所有输出进行 HTML 编码,所以如果回传的是字符串类型,其输出的内容将会被 HTML 编码后输出;如果回传的是 MvcHtmlString 类型,当内容包含标签数据时,则会原封不动地输出 HTML 标签,因此这里使用 MvcHtmlString 类型。

创建好扩展辅助方法后,在 Razor 视图上就可以使用 Image 辅助方法了,调用方法如下:

```
@Html.Image("img01",Url.Content("~/image/arduino.JPG"),"320px","300px",
"imgCls", null)
```

6.2 Ajax 辅助方法

目前创建的大部分 Web 应用程序几乎都要用到 Ajax 技术。从技术角度看，Ajax（Asynchronous JavaScript and XML）代表异步 JavaScript 和 XML。在实际应用中，它代表在构建具有良好用户体验的响应性 Web 应用程序时用到的所有技术。

ASP.NET MVC 5 是一个现代 Web 框架，并且与其他现代 Web 框架一样，它从一开始就支持 Ajax 技术，Ajax 支持的核心来自开源的 JavaScript 库 jQuery。ASP.NET MVC 5 中主要的 Ajax 特性要么基于 jQuery 构建，要么是扩展的 jQuery 特性。

6.2.1 jQuery

jQuery 的 API 简洁而强大，类库灵活而轻便。最重要的是，jQuery 不仅支持所有的现代浏览器，包括 IE、Firefox、Safari、Opera 和 Chrome 等，还可以在编写代码和浏览器 API 冲突时隐藏不一致性（和错误）。同时，使用 jQuery 进行开发不仅可以减少代码的编写量，节省开发时间，而且还不用太费脑筋。

jQuery 是一个开源项目，是目前最流行的 JavaScript 库之一。在 jquery.com 网站上能够找到它的最新下载版本、文档和插件。在 Asp.NET MVC 应用程序中也能够看到 jQuery 的身影，当创建新的 MVC 项目时，ASP.NET MVC 的项目模板就会把 jQuery 用到的所有文件放在 Script 文件夹。在 MVC 5 中，通过 Nu-Get 添加 jQuery 脚本，这样，当出现新版本的 jQuery 时，就可以很容易地升级脚本。

jQuery 擅长在 HTML 文档中查找、遍历和操纵 HTML 元素。一旦找到元素，jQuery 就可以方便地在其上进行操作，如连接事件处理程序、使其具有动画效果，以及创建围绕它的 Ajax 交互等。

下面是 jQuery 函数的一个典型应用。

```
$(function(){
    $("#showimage img").mouseover(function(){
        $(this).animate({height:'+=25',width:'+=25'})
          .animate({ height:'-=25 ',width:'-=25'});
    });
});
```

第一行代码调用了 jQuery 函数（$()），并向其中传递一个匿名的 JavaScript 函数作为第一个参数：当传递一个函数作为第一个参数时，jQuery 会假定这个函数要在浏览器完成构建（由服务器提供的）HTML 页面中的文档对象模型（Document Object Model，DOM）后立即执行。换句话说，这个函数在从服务器加载完 HTML 页面之后执行，这样就可以安全地执行函数中与 DOM 冲突的脚本，我们把这种情况称为"DOM 准备"事件。

第二行代码向 jQuery 函数传递一个字符串"#showimage img"，jQuery 把这个字符串解释为选择器。选择器会告知 jQuery 需要在 DOM 中查找的元素，可以使用像类名和相对位置这样的特性值查找元素。第二行代码中的选择器告知 jQuery 查找 id 值为

"showimage"的元素中的所有图像。当执行选择器时,它会返回一个包含零个或多个匹配元素的封装集,可以调用其他任何 jQuery 方法操作封装集中的元素。例如,上面的代码调用 mouseover()方法为与选择器匹配的每个图像元素的 onmouseover 事件连接处理程序。

jQuery 利用 JavaScript 的函数式编程特性,经常把创建的或传递的函数作为 jQuery 方法的参数。例如,mouseover()方法知道在不用考虑所使用浏览器的版本的情况下,如何为 onmouseover 事件连接事件处理程序,但是它不知道在事件触发时程序员想要执行的操作。于是,为了表达事件触发时想进行的处理,就向 mouseover()方法传递了一个包含事件处理代码的函数参数:上面的例子实现了在触发 mouseover 事件时,匹配选择器的 img 元素会产生动画效果。在上面的代码中,之所以使用 this 关键字来引用要做动画效果的元素,是因为 this 指向的是触发事件的元素。注意代码第一次将元素传递给 jQuery 函数的方法($(this)),jQuery 将该参数看成一个元素的引用参数,并返回一个包含该元素的封装集。

一旦将某个元素包含在 jQuery 封装集中,就可以调用 jQuery 方法(如 animate)来操纵这个元素。示例中的代码首先将图像放大(宽和高分别增加 25 个像素),然后再缩小(宽和高都减小 25 个像素)。

上述代码的执行效果是:当用户将鼠标指针移向图像时,会看到图像先变大再变小这样一个微妙的强调效果。这个效果是应用程序必需的吗? 当然不是! 然而,它却可以展示一个精美优雅的外观。

jQuery 中常用的选择器见表 6.4。

表 6.4　jQuery 中常用的选择器及说明

jQuery	说　明
$(" * ")	所有元素
$("♯header")	查找 id 值＝header 的元素
$(".editor-label")	查找 class＝editor-label 的所有元素
$(".editor-label.intro")	查找 class＝editor-label 且 class＝intro 的所有元素
$("div")	查找所有<div>元素
$("p：first")	第一个<p>元素
$("p：last")	最后一个<p>元素
$("tr：even")	所有偶数<tr>元素
$("tr：odd")	所有奇数<tr>元素
$("ul li：eq(3)")	列表中的第四个元素(index 从 0 开始)
$("ul li：gt(3)")	列出 index 大于 3 的元素
$("ul li：lt(3)")	列出 index 小于 3 的元素
$("input：not(：empty)")	所有不为空的 input 元素

续表

jQuery	说　　明
$(": header")	所有标题元素<h1>-<h6>
$(": animated")	所有动画元素
$("# header div")	查找 id 值＝header 元素的所有子<div>元素
$(": enabled")	所有激活的 input 元素
$(": disabled")	所有禁用的 input 元素
$(": selected")	选取被选择的 <option> 元素
$(": checked")	所有被选中的 input 元素

每个新项目都包含一个 Scripts 文件夹,其中带有多个 JavaScript 文件。jQuery 核心库是一个名为 jQuery<version>.js 的文件。因为 jQuery 经常用到,站点布局页(Views/Shared/_ Layout.cshtml)的 footer 部分包含了一个 jQuery 脚本引用,因此,默认情况下,站点的任何视图中都可以使用 jQuery。在没有使用默认布局的任何视图中,或者如果在站点布局中删除了 jQuery 脚本引用,添加 jQuery 脚本引用也是很容易的,只需要使用直接脚本引用或者使用预配置的 jQuery 捆绑。

要添加脚本引用,可包含如下所示的代码:

```
<script src="@Url.Content("~/Scripts/jquery-1.4.4.min.js")"
    type="text/javascript"></script>
```

虽然简单的脚本引用(如前面所示)是有效的,但是这种方法依赖于版本,如果想更新到更新版本的 jQuery,必须在代码中查找脚本引用,并使用新版本号加以替换。更好的在视图中包含 jQuery 引用的方法是使用内置的、与版本无关的 jQuery 脚本捆绑,Views/Shared/_Layout.html 中的脚本引用就采用了这种方法,如下所示:

```
@Scripts.Render("~/bundles/jquery")
```

除了简化将来的脚本更新,这种捆绑引用还有许多其他好处,例如,在发布模式下自动使用微小脚本,以及将脚本引用集中到一个位置,从而只需在一个位置进行更新。

6.2.2　Unobtrusive Ajax

虽然可以使用 HTML 辅助方法创建表单和指向控制器操作的链接,但在 ASP.NET MVC 框架中还包含一组 Ajax 辅助方法,它们也可以用来创建表单和指向控制器操作的链接,但不同的是,它们是异步进行的。使用这些辅助方法时,不用编写任何脚本代码来实现程序的异步性。

在 ASP NET MVC 中使用 Ajax 辅助方法时,有个调节 Microsoft Ajax 和 jQuery 的适配器,这个适配器决定了应用程序的配置,能使用 JavaScript 库进行 Ajax 请求。默认情况下,非侵入式 JavaScript 和客户端验证在 ASP.NET MVC 应用程序中是启用的,可以通过 Web.config 文件中的设置改变这些行为。打开应用程序根目录下的 Web.config

文件，就会看到下面的 appSettings 配置节点：

```
<appSettings>
    <add key="webpages:Version" value="1.0.0.0"/>
    <add key="ClientValidationEnabled" value="true"/>
    <add key="UnobtrusiveJavaScriptEnabled" value="true"/>
</appSettings>
```

如果想在整个应用程序中禁用这两个特性中的任意特性，只将响应特性的 value 值修改为 false 即可，另外，还可以逐视图地控制这些设置，HTML 辅助方法 EnableClientValidation 和 EnableUnobtrusiveJavaScript 在一个具体视图中重写了这些配置设置。

还可以在 Global.asax 文件中设置 HtmlHelper 的 UnobtrusiveJavaScriptEnabled 属性为 true。

```
protected void Application_Start()
{
    HtmlHelper.UnobtrusiveJavaScriptEnabled = true;
    AreaRegistration.RegisterAllAreas();
    FilterConfig.RegisterGlobalFilters(GlobalFilters.Filters);
    RouteConfig.RegisterRoutes(RouteTable.Routes);
    BundleConfig.RegisterBundles(BundleTable.Bundles);
}
```

Ajax 的控制行为都在前端浏览器中发生，后端无法介入，以 AjaxHelper 所生成的 HTML 标签怎么会拥有 Ajax 功能呢？原因是 Ajax 辅助方法仅在 HTML 标签中增加 Ajax 行为所需的必要参数的定义，赋予前端功能的是 unobtrusive Ajax 技术。

AjaxHelper 定义在 HTML 标签内的是一系列的"data-*"属性，是 unobtrusive 式的设置。一个通过 Ajax 辅助方法的 ActionLink 的方法会生成以下的 HTML 标签。

```
<a href="…" data-Ajax="true" data-Ajax-update="#Target">链接文字</a>
```

HTML 标签携带的 Ajax 行为定义，并不会让页面主动就有 Ajax 的行为，让标签拥有 Ajax 能力的是 jquery.unobtrusive-Ajax.js。同样，Ajax 辅助方法也依赖非侵入式 MVC 的 jQuery 扩展，如果要使用这些辅助方法，就需要在页面中引入脚本文件 jquery.unobtrusive-Ajax.js，可以使用 NuGet 下载 Ajax 相关类库。

在解决方案资源管理器项目名称上右击，从弹出的快捷菜单中选择"管理 NuGet 程序包"菜单项，在 NuGet 页面的"浏览"选项卡的搜索文本框中输入 Ajax 查找 Microsoft.jQuery.Unobtrusive.Ajax 程序包，如图 6.2 所示。

查找到该项后，单击"安装"按钮进行安装，安装完成后，Scripts 文件夹下出现 jquery.unobtrusive-Ajax.js 和 jquery.unobtrusive-Ajax.min.js 两个文件，然后在当前页或者布局页中引入 JavaScript 文件即可，引用时可以将 jquery.unobtrusive-Ajax.js 文件直接拖曳到引用位置。

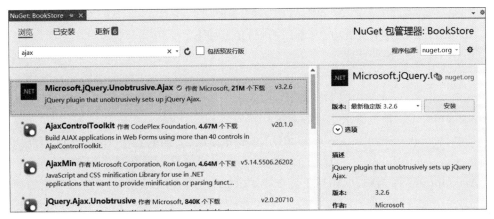

图 6.2　使用 NuGet 安装 Ajax 类库

在 Razor 视图中，Ajax 辅助方法可以通过 Ajax 属性访问，和 HTML 辅助方法类似，Ajax 属性的大部分 Ajax 辅助方法都是扩展方法，AjaxHelper 类型除外。

最常使用的 Ajax 辅助方法有两个：Ajax.ActionLink()；和 Ajax.BeginForm()；。

6.2.3　Ajax 的 ActionLink()方法

Ajax 的 ActionLink()方法可以创建一个异步行为的锚标签，与 HTML 辅助方法相比，多了一个 AjaxOptions 类可以设定。例如，要在 Index 页面的底部添加一个 Ajax 的链接，用户单击链接时是在当前页面上显示 About 页面的信息，而不是在一个新的页面中显示。

在 Index 页面添加的代码如下所示：

```
@Ajax.ActionLink("Ajax Link", "About",
    new AjaxOptions{ InsertionMode = InsertionMode.Replace ,
        HttpMethod = "GET",UpdateTargetId = "About"})
<div id="About">
</div>
```

ActionLink()方法的第一个参数指定了链接文本，第二个参数是要异步调用的操作的名称，类似于同名的 HTML 辅助方法。HTML 辅助方法和 Ajax 辅助方法显著不同的是 AjaxOptions 参数，该参数指定了发送请求和处理服务器返回结果的方法，参数中还包括用来处理错误、显示加载元素、显示确认对话框等的选项。

返回值类型为 System.Web.Mvc.MvcHtmlString，返回定位元素，可能是纯文本，也可能是 HTML。

注意，在 C♯ 中，在 AjaxHelper 类型的任何对象上将此方法作为实例方法来调用。当使用实例方法调用此方法时，请省略第 1 个参数。

下面分析一下 ActionLink()方法。

```
ActionLink(String linktext, String actionName, AjaxOptions)
```

```
ActionLink(String linktext, String actionName, Object routeValue,AjaxOptions)
```

ActionLink 的两个重载方法(常用的)的参数如下。

linktext：超链接的文本。

actionName：调用的 action。

routeValue：包含路由参数的对象。

AjaxOptions：异步请求选项的对象。

其中,对 linktext 和 actionName 不用过多解释,从上面的例子中已经可以看出它们分别是什么,routeValue 表示要传递的参数对象,通过匿名对象传递给服务器。

AjaxOptions 回调对象,相当于传统 Ajax 的回调函数,下面看一下这个对象的属性,见表 6.5。

表 6.5   AjaxOptions 对象的相关属性及说明

属 性 名 称	说 明	默认值
AllowCache	获取或设置一个值,该值指示是否在 Ajax 分页模式下启用缓存	true
Confirm	获取或设置在提交请求之前显示在确认窗口中的消息	null
DataFormId	获取或设置在 Ajax 分页模式下,分页时向服务器端通过 Ajax 提交的数据所在的 Form ID,用于实现 Ajax 分页模式下的查询功能	null
EnableHistorySupport	获取或设置一个值,该值指示在 Ajax 分页模式下是否启用浏览器历史记录支持功能	true
EnablePartialLoading	获取或设置一个值,该值指示是否在 Ajax 分页模式下启用局部加载功能	false
HttpMethod	获取或设置 HTTP 请求方法(Get 或 Post)	Get
InsertionMode	获取或设置如何将响应插入目标 DOM 元素的模式。该属性值在 MvcPager 中默认为 Replace,不能修改	Replace
LoadingElementDuration	获取或设置一个值(以毫秒为单位),该值控制在显示或隐藏加载元素时的动画持续时间	0
LoadingElementId	获取或设置在加载 Ajax 函数时要显示的 HTML 元素的 id 特性	null
OnBegin	获取或设置要在更新页面之前立即调用的 JavaScript 函数的名称	null
OnComplete	获取或设置在实例化响应数据之后但在更新页面之前要调用的 JavaScript 函数	null
OnFailure	获取或设置在页面更新失败时要调用的 JavaScript 函数	null
OnSuccess	获取或设置在成功更新页面之后要调用的 JavaScript 函数	null
UpdateTargetId	获取或设置要使用服务器响应更新的 DOM 元素的 id	null
Url	获取或设置要向其发送请求的 URL,此属性在 MvcPager 中没有作用	null

AjaxOptions 对象就是通过这些属性执行相应的回调内容的。下面演示每个属性的使用方法。

Confirm：是在请求之前弹出一个警告框(一般用于删除、更新等操作的提示)。

```
@Ajax.ActionLink("Ajax辅助方法", "ServerMethod", new AjaxOptions(){Confirm=
"确认调用吗?", OnSuccess="success" })
<script>
    function success(data)
    {
        alert ("Hello ajax");
    }
</script>
```

预览一下,结果如图 6.3 所示。

图 6.3　确认页面

单击"确定"按钮,会出现服务器返回的内容,如图 6.4 所示。

图 6.4　服务器返回的内容

HttpMethod:设置请求方法为 Get()或 Post()。

InsertionMode:设置如何把服务器返回的内容插入目标 Dom 中,而这个 Dom 元素通过 UpdateTargetId 指定。InsertionMode 是一个枚举类型,如 Replace(替换,默认)、InsertBefore(在 Dom 内容之前插入)、InsertAfter(在 Dom 内容之后插入)。

下面更改一下 View 中的代码,添加一个 div,用来存放服务器返回的内容。

```
@Ajax.ActionLink("Ajax辅助方法", "ServerMethod", new AjaxOptions()
{ UpdateTargetId="result"})
<div id="result">
</div>
```

预览一下,结果如图 6.5 所示。单击超链接后,会在 div 位置显示返回结果。

可以尝试将 InsertionMode 修改为其他枚举值,如 InsertBefore(在 Dom 内容之前插入),更改代码如下:

```
@Ajax.ActionLink("Ajax 辅助方法", "ServerMethod", new AjaxOptions(){
InsertionMode=InsertionMode.InsertBefore,UpdateTargetId="result"})
<div id="result">
    内容
</div>
```

预览一下,结果如图 6.6 所示。

图 6.5 使用 Ajax.ActionLink()　　图 6.6 使用 InsertionMode.InsertBefore
方法返回内容　　　　　　　　返回内容

LoadingElementId:Ajax 请求没有完成时要显示的元素。添加如下代码:

```
@Ajax.ActionLink("Ajax 辅助方法", "ServerMethod", new AjaxOptions(){
LoadingElementId=" loading", InsertionMode = InsertionMode.InsertBefore,
UpdateTargetId="result"})
<div id="loading" style="display:none">
    loading...
</div>
<div id="result">
    内容
</div>
```

同时,为了实现 loading 的效果,在服务器端的 ServerMethod()方法中加入 System. Threading.Thread.Sleep(3000);来延长时间。

结果如图 6.7 所示。当单击超链接的时候,loading 会显示出来,完成之后其会自动消失。

OnBegin、OnComplate、OnSuccess、OnFailure 这几个属性,分别是在开始、完成、成功、失败时要执行的 JavaScript 函数,用法和上面例子中 OnSuccess 的用法一样,大家可以自行研究,这里就不再举例子了。

图 6.7 添加加载控件

6.2.4 Ajax 的表单

ActionLink 除了可以链接到指定页面外,也可以使用 ActionLink 向服务器传递一个或多个参数,服务器接收参数后再加以改变输出到客户端。下面改写一下 Index.cshtml

的内容。

在 HomeController 中写一个 Action 方法作为 Ajax 请求的方法。

```
public ActionResult ServerMethod(int id, string name)
{
    string result="客户端传递过来的 id:" + id + ",名字:"+ name;
    return Content(result);
}
```

同时改写一下 Index.cshtml 页面：

```
@{
    ViewBag.Title = "Ajax 辅助方法";
}
<script>
    function Display(data)
    {
        alert(data);
    }
</script>
@Ajax.ActionLink("Ajax 辅助方法", "ServerMethod", new { Id = 34,Name = "C#程序设
计"}, new AjaxOptions(){ OnSuccess="Display"});
```

通过第三个参数 routeValues，匿名对象传递 Id 和 Name 两个参数，同时把服务器返回的内容通过 Dispaly()函数显示出来，如图 6.8 所示。

图 6.8　参数传递弹出页面

上面例子是带参数的 AtionLink 使用方法，那么，如何通过表单的形式实现呢？下面看一下@Ajax.BeginForm()函数，它能够让表单异步提交。

首先，改写一下 Index.cshtml 的内容，代码如下：

```
@{
    ViewBag.Title = "Ajax 辅助方法";
}
<script>
    function Display(data)
    {
        alert(data);
    }
```

```
</script>

@using (Ajax.BeginForm("ServerMethod",new AjaxOptions(){OnSuccess=
"Display"}))
{
    @:Id:@(Html.TextBox("id"))
    <br/>
    @:姓名:@(Html.TextBox("name"))
    <br />
    <input type="submit" value="提交" />
}
```

运行结果如图 6.9 所示。

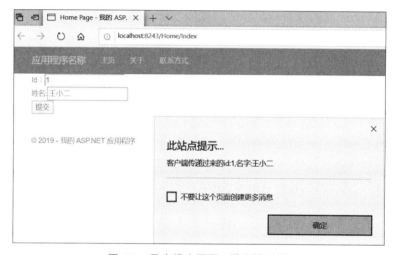

图 6.9　异步提交页面：弹出提示框

@Ajax.BeginForm 的使用方法和 @Ajax.ActionLink 的使用方法一样，主要是对 AjaxOptions 属性进行更改，但上面只是通过 Dispaly() 函数显示，能不能通过服务器端直接输出 JavaScript 呢？答案是肯定的，这就需要 JavaScriptResult 了。

前面说过，JavaScriptResult 输出的内容并不能直接执行，使用@Ajax 的辅助方法才能执行。现在使用 JavaScriptResult 指定要执行的 JavaScript。

下面更改 ServerMethod() 方法。

```
public ActionResult ServerMethod(int id, string name)
{
    string result ="客户端传递过来的 id:" + id + ",名字:" +name;
    return JavaScript(@"$(""#result"").html("""+result+@""");" );
}
```

同时更改一下 Index.cshtml：

```
@{
```

```
    ViewBag.Title = "Ajax 辅助方法";
}
@using (Ajax. BeginForm (" ServerMethod ", null, new AjaxOptions () {
UpdateTargetId="result"}))
{
    @:Id:@(Html.TextBox("id"))
    <br />
    @:姓名:@(Html.TextBox("name"))
    <br />
    <input type="submit" value="提交" />
}


<div id="result">
</div>
```

预览结果如图 6.10 所示。

图 6.10　异步提交页面

虽然通过 JavaScriptResult 返回的 JavaScript 语句会被执行，但是这种做法是不推荐的，因为如果这样写，ASP.NET MVC 的特点"关注点分离"会变得非常不好，本身 Action 所做的就是数据处理，不能再插手管理 View。

6.3　项目实施

6.3.1　任务一：图书查询

任务要求在图书列表中根据图书类别和图书名称为图书列表添加图书查询功能。在项目 BookStore 的 Views/Books 目录下创建包含 Form 表单的分部视图 BookSearchPartial，该视图包含图书类别选择控件、图书名称输入控件和一个提交按钮，要求使用 Html 辅助方法完成。

首先，在 Views/Books 目录下创建分部视图 BookSearchPartial，并添加以下代码：

```
@using (Html.BeginForm("SearchBooks", "Books", FormMethod.Get))
{
    @Html.Label("图书类别") @Html.DropDownList("BookType")
```

```
    @Html.Label("图书名称") @Html.TextBox("BookName","", new { placeholder =
"图书名称" })
    @Html.TextBox("Submit", "查询", new { type = "Submit" })
}
```

分部视图 BookSearchPartial 中使用 Html.BeginForm 创建了一个 Form 表单，表单中有一个选择图书列表、一个输入图书名控件和一个提交按钮，表单对应的方法为 BooksController 中的 SearchBooks() 方法。

图书类别控件中的数据是从数据库中获取的，需要在 BooksController 的 Index() 方法中提供数据列表，修改 Index 代码如下。

```
public async Task<ActionResult> Index()
{
    var books = db.Books.Include(b => b.bookTypes);
    ViewBag.BookType = new SelectList(db.BookTypes,"BookTypeID",
"BookTypeName","");
    return View(await books.ToListAsync());
}
```

然后，在 Views/Books/Index 视图中渲染 BookSearchPartial 分部视图，将下面的 Html.Partial 辅助方法添加到 Index 视图。

```
@Html.Partial("BookSearchPartial")
```

最后，在 BooksController 中添加表单提交方法 SearchBooks() 完成图书查询功能。SearchBooks() 方法的完整代码如下所示。

```
public ActionResult SearchBooks(int BookType, string bookName)
{
    var books =db.Books.ToList();
    if(BookType > 0)
    {
        books = db.Books.Where(b => b.BookTypeId == BookType).ToList();
    }
    if (!string.IsNullOrWhiteSpace(bookName))
    {
        books = books.Where(b => b.BookName.Contains(bookName)).ToList();
    }
    ViewBag.BookType = new SelectList(db.BookTypes, "BookTypeID",
"BookTypeName", "");
    return View("index", books);
}
```

该方法中包含图书类型和图书名称两个参数，方法体根据参数状态进行迭代查询，ViewBag.BookType 跟 Index() 方法中的用法相同，为 DropDownList 控件提供数据，最后一行将结果返回给 Index 强类型视图。

运行程序,访问/Books/Index 地址,显示带查询功能的图书列表页面,如图 6.11 所示。

图 6.11 带查询功能的图书列表页面

图书类别选择"少儿类",在图书名称后的文本框中输入"中国",单击"查询"按钮,查询结果会更新到图书列表。查询结果页面如图 6.12 所示。

图 6.12 查询结果页面

6.3.2 任务二: 首页图书展示——分类管理

虽然在 5.5.2 节中完成了首页的图书展示功能,但是,在图书量非常大,种类也多的情况下,找一本书是比较烦琐的,虽然通过查询功能可以对图书进行过滤,但不是每个用户都能准确地查询到相关图书,所以能够根据图书类别进行图书的分类展示是很有必要的。

本章在此基础上为首页添加图书分类列表，根据图书分类显示该类别下的所有图书，并可根据图书名进行查询，要求使用 Ajax 辅助方法实现。

首先，打开 Views/Home 目录下的 Index 页面，修改代码如下：

```
@model   IEnumerable<BookStore.Models.Books>
@{
    ViewBag.Title = "Home Page";
}
<h2>图书销售系统</h2>

<div class="container">
    <div class="row">
        <h2 class="text-center" style="padding-top:20px;">商品一览</h2>
        <div class="col-md-2">
            <strong>类别一键查询</strong>

            @{var bookTypes = ViewBag.BookType as List<BookStore.Models.
BookTypes>;}
            @foreach (var booktype in bookTypes)
            {
        <p> @Ajax.ActionLink(booktype.BookTypeName, "SearchBookList",
"Books", new { booktype = booktype.BookTypeId },
        new AjaxOptions() { HttpMethod = "Post", InsertionMode =
InsertionMode.Replace, UpdateTargetId = "GoodShow" }) </p>


            }

        </div>
        <div class="col-md-10">
            @using (Ajax.BeginForm("SearchBookList", "Books",
                new AjaxOptions
                {
                    InsertionMode = InsertionMode.Replace,
                    HttpMethod = "GET",
                    OnFailure = "searchFailed",
                    UpdateTargetId = "GoodShow",
                    LoadingElementId = "Ajax-loader",
                }))
            {
                <div class="row">
                    <div class="input-group">
                        @Html.Label("图书名称")   @Html.TextBox("BookName","",
new{ placeholder = "输入商品名"})
```

```
                    @Html.TextBox("Sumbit", "查询", new {  type = "submit" })
                </div>
            </div>
        }
        <br /><br />

        <div id="GoodShow" class="row">
            @{Html.RenderPartial("~/Views/Home/BookListPartial.cshtml",
@Model);}
        </div>

    </div>
  </div>
</div>
<script src="~/Scripts/jquery-3.4.1.js"></script>
<script src="~/Scripts/jquery.unobtrusive-Ajax.js"></script>
```

在 Index 页面中做了如下修改：

（1）从 ViewBag.BookType 中获取图书类别列表，并根据列表生成 Ajax 超链接，该超链接将跳转到 Books 控制器中的 SearchBookList 操作，更新的目标控件为 GoodShow，因此需要在 HomeController 的 Index() 操作中设置图书列表数据源。

```
public ActionResult Index()
{
    ViewBag.BookType = db.BookTypes.ToList();
    return View(db.Books);
}
```

（2）添加 Ajax 表单，根据图书名称查询图书，和上面的超链接一样，该超链接将跳转到 Books 控制器中的 SearchBookList 操作，更新目标控件为 GoodShow。

（3）添加 GoodShow 控件，显示查询结果的图书列表，这里将结果列表控件封装到 BookListPartial 分部视图中。BookListPartial 页面代码如下所示。

```
@model  IEnumerable<BookStore.Models.Books>
<div class="row">
    @foreach (var item in Model)
    {
        @Html.Partial("~/Views/Home/BooksPartial.cshtml", item)
    }
</div>
```

（4）在页面末尾加上 Ajax 脚本引用，或者在布局页引用脚本，此处省略。

（5）最后，在 BooksController 中添加 SearchBookList() 方法。

```
public ActionResult SearchBookList(string bookName,int BookType=0)
{
```

```
var books = db.Books.ToList();
if (BookType > 0)
{
    books = db.Books.Where(b => b.BookTypeId == BookType).ToList();
}
if (!string.IsNullOrWhiteSpace(bookName))
{
    books = books.Where(b => b.BookName.Contains(bookName)).ToList();
}
ViewBag.BookType = db.BookTypes.ToList();
return PartialView (@"~\Views\Home\index.cshtml", books);
}
```

运行应用程序进入图书管理系统首页，如图 6.13 所示。

图 6.13　图书管理系统首页

页面左侧为图书分类列表，右侧上方为查询控件，下方显示图书查询结果。单击页面左侧的图书类别，右侧会显示该类别下的所有图书，当在输入框内输入书名后单击"查询"按钮，会根据图书类别和图书名称查询图书。

当输入"教程"后单击"查询"按钮，查询结果页面如图 6.14 所示。

图 6.14 按类别显示页面

6.4 同 步 训 练

1. 创建 Operator 控制器并添加 Add(int num1,int num2)方法对两个整数求和,在 Views/Home 目录下的 Index.cshtml 视图中使用 Html.ActionLink()方法编写一个超链接,链接文字为"求和",调用 Operator 控制器的 Add()方法,并传入参数 num1=5 和 num2=10,CSS 属性设置超链接字体颜色为绿色。

2. 在 Index.cshtml 页面创建 Ajax 表单,其中包含一个留言文本框和提交按钮,实现留言板页面。创建 Board.cshtml 分部视图,显示当前时间和留言内容,并在控制器中调用 PartialView 返回该分部视图和 Model。

3. 使用异步表单,在 Views/Student/Index.cshtml 学生列表视图中完成根据学生姓名、入学时间、年级等信息的模糊查询功能。

第7章

数据验证

本章导读：

ASP.NET MVC 中的视图负责向用户呈现操作界面、收集数据并传回服务器。在用户使用过程中，由于用户疏忽或恶意原因，输入数据对系统可能存在各种隐患，因此需要对从用户界面收集的数据进行各种规则的验证，确保数据符合要求。

对于 Web 开发人员来说，用户输入验证一直是一个挑战。不仅在客户端浏览器中需要执行验证逻辑，同时在服务器端也需要执行。客户端验证逻辑会对用户向表单中输入的数据给出一个即时反馈，这也是时下 Web 应用程序所期望的特性。之所以需要服务器端验证逻辑，主要是因为来自网络的信息都是不能信任的。

验证虽然比较烦琐，但是简单的输入和友好的错误提示信息则会让系统更容易被用户接受。当在 ASP.NET MVC 设计模式上下文中谈论验证时，主要关注的是验证模型的值。用户输入了需要的值吗？是要求范围内的值吗？ASP.NET MVC 验证特性可以帮助验证模型值，因为这些验证特性是可扩展的，所以可以采用任意想要的方式构建验证模式，但默认方法是一种声明式验证，它采用了本章介绍的数据注解特性。

本章要点：

本章首先讲解数据注解如何与 ASP.NET MVC 框架配合工作，然后介绍注解的用途，不仅局限于验证这一方面。注解是一种通用机制，可以用来向框架注入元数据，同时，框架不只驱动元数据的验证，还可以在生成显示和编辑模型的 HTML 标记时使用元数据；还可以自定义验证注解，或者继承 IValidatableObject 接口进行统一验证；最后，在项目实践中完成图书销售系统的相关验证，并完成订单和评论功能。

7.1 数 据 注 解

没有验证，用户可能会输入无意义的数据，甚至递交一个空白的表单。在 ASP.NET MVC 应用程序中，验证典型地运用于模型中，而不是用户界面。这意味着，可以在一个地方定义验证条件，而在运用模型类的任何地方都会生效。ASP.NET MVC 支持验证规则声明（Declarative Validation Rules），这是以 System.ComponentModel.DataAnnotations 命名空间中的注解属性进行定义的，即验证约束是使用标准的 C# 注解属性特性表示的。

数据批注是一组特性，可以使用它们批注任何 .NET 类的公共属性，以任意一个相关客户端代码可以读取和使用的方式。

特性可以分为两个主要类别：验证和显示。下面分别介绍两类验证特性。

7.1.1　验证注解

数据注解特性定义在名称空间 System.ComponentModel.DataAnnotations 中（接下来会看到，有一个特性不在这个名称空间中定义），它们提供了服务器端验证的功能，当在模型的属性上使用这些特性时，需要引用名称空间 DataAnnotations。表 7.1 列出了模型类上用于验证的数据批注特性。

表 7.1　模型类上用于验证的数据批注特性及说明

特 性 名 称	说　　明
Key	设置主键属性
Required	检查是否为属性分配了一个非空值。可以对其进行配置，以便分配空值时报错
StringLength	检查字符串是否超出指定长度
RegularExpression	检查某值是否匹配指定表达式
Range	检查某值是否落在指定区间内。默认是数值型，不过也可以配置它以处理日期范围
Compare	检查模型中的两个指定属性是否具有相同值
Remote	执行一个到服务器的 Ajax 调用，并检查某值是否可以接收
NotMapped	将属性应用到领域类属性中，不会为它创建数据列

1. Key

在 EF 默认行为中，会选取第一个属性名称 ID（不区分大小写）或名称结尾 ID（不区分大小写）作为主键。如果主键属性的类型为 int 或 GUID，就会设置为识别数据列，但不管使用 CodeFirst 或 DatabaseFirst，模型类中的第一个属性命名如果不是 ID 或不是以 ID 结尾的命名方式，这时通过设置 Key 属性并向 EF 说明此属性是一个主键属性即可。当 EF 能判别属性是主键时，那么当使用基架生成 View Page 时，Create.cshtml 会忽略生成主键属性字段，Edit.cshtml 会隐藏主键属性字段。以 UsersController 的 Edit.cshtml 为例，UserId 就被隐藏了。

```
@Html.HiddenFor(model => model.UserId)
```

2. Required

Required 属性定义为必填（不得为空）字段，也就是数据库字段 NOT NULL 的字段，规则上字段必须包含一个值，且值不得为 Null、空字符串（""），或者只包含空格符。例如，用户注册时，账号都是必需的，所以需要在模型类 User 属性上面添加 Required 特性（记得为 System.ComponentModel.DataAnnotations 添加一条 using 语句），使用方法如下所示。

```
[Required]
public string UserName{ get; set; }
```

当这个属性值为 null 或空时，Required 特性将会引发一个验证错误，因此添加该特性后，如果顾客在没有填写账号的情况下提交表单，将弹出错误提示。与所有内置的验证特性一样，Required 特性既传递服务器端的验证逻辑，也传递客户端的验证逻辑。

添加该特性后，如果用户在没有填写姓氏的情况下提交表单，就会出现如图 6.1 所示的默认错误提示消息。

图 7.1   Required 验证消息

3. StringLength

StringLength 属性是以字符串长度进行条件设置，构造函数默认指定最大长度。它可以确保用户提供的字符串长度符合数据库模式的要求。例如，如果 UserName 在数据库中的字段设置为 nvarchar(20)，就不希望用户的输入超过 20 个字符，这时需要添加如下注解。

```
[StringLength(20)]
public string UserName { get; set;}
```

StringLength 属性还有两个常用的属性：最小长度（MinimumLength）与自定义错误信息（ErrorMessage）。名为 MinimumLength 的参数是一个可选项，它可以用来设定字符串的最小长度。

```
[StringLength(20,MinimumLength=3)]
public string UserName{ get; set; }
```

自定义错误信息 ErrorMessage 可以设置错误提示信息，例如用户名通常就有长度限制，如果默认的错误信息不是很满意，也可以自行定义。下面的代码设置了 UserName 属性，要求账号最多为 20 个字符，至少包含 5 个字符的属性值才能通过验证，如果不通过，将提示用户"UserName 的长度必须介于 5 到 20"。

```
[StringLength(20,MinimumLength=5,ErrorMessage="{0}的长度必须介于{2}到{1}")]
public string UserName{ get; set; }
```

添加该特性后，如果用户输入的字符长度不符合要求，就会出现如图 6.2 所示的默认错误提示消息。

图 7.2   StringLength 验证消息

4. RegularExpression

Regular Expression（正则表达式）是一种强大和有弹性分析文字的语言，它使用一种特别的 Pattern 对比特定字符，以验证文字是否符合预先定义的 Pattern。例如，验证用户端输入的 Email 或 Password 文字格式。除了优秀的对比模式，它还提供获取、编辑、取代或删除等其他功能，尤其适合处理大量文字数据。

模型类 User 需要用户输入 Email 属性，需要确保是一个有效可用的 Email 地址。然而，事实上，在不向该地址发送一封邮件等待响应的情况下，确保一个 Email 地址的可用性是不切合实际的。我们所能做的就是使用正则表达式使输入的字符串看起来像可用的 Email 地址：

```
[RegularExpression(@"[A-Za-z0-9._%+-]+@[A-Za-z0-9.-]+\.[A-Za-z]{2,4}")]
public string Email{ get; set; }
```

正则表达式是一种检查字符串格式和内容的简捷有效的方式。如果顾客输入的 Email 地址不能和正则表达式匹配，就会在页面上出现如图 7.3 所示的错误提示消息。

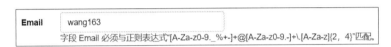

图 7.3　RegularExpression 验证消息

对于非专业开发人员而言（甚至对一些专业开发人员来说也是如此），这一错误提示消息看起来就像胡乱敲击键盘产生的乱码，没有任何实际意义。鉴于此，应该自定义 ErrorMessage 参数设置人性化的错误提示消息。

5．Range

Range 特性用来指定数值类型值的最小值和最大值。例如年龄属性，最小年龄为 0 岁，最大年龄为 150 岁，按照下面的代码在其上添加 Range 特性：

```
[Range(0, 150) ]
public int Age { get; set; }
```

该特性的第一个参数设置的是最小值，第二个参数设置的是最大值，这两个值也包含在范围之内。Range 特性既可用于 int 类型，也可用于 double 类型。它的构造函数的另一个重载版本中有一个 Type 类型的参数和两个字符串（这样就可以给 decimal 属性添加范围限制了）。

```
[Range(typeof(decimal), "0.00", "49.99")] .
public decimal Price { get; set; }
```

添加该特性后，如果用户填写的数据不符合要求，就会出现如图 7.4 所示的默认错误提示消息。

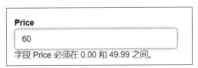

图 7.4　Range 验证消息

6. Compare

一些重要数据表单经常要求用户端重复确认是否输入错误,所以开发者在设计窗体时会将重要的字段设计成输入两次,并对比两次输入是否相同,例如常见的 Email 和 Password 等。

Compare 特性确保模型对象的两个属性拥有相同的值。例如,为了避免顾客输入错误,往往要求输入两次 Email 地址:

```
[RegularExpression(@"[A-Za-z0-9._%+-]+@[A-Za-z0-9.-]+\.[A-Za-z]{2,4}")]
public string Email { get; set; }
[Compare("Email")]
public string Email T { get; set; }
```

添加该特性后,如果用户两次填写的 Email 地址不一样,就会出现如图 7.5 所示的默认错误提示消息。

Email

8866@qq.com

EmailT

8888@qq.com

"EmailT"和"Email"不匹配。

图 7.5　Compare 验证消息

7. Remote

验证大部分发生在客户端上,但为了安全起见,也应该始终验证服务器上的相关数据。然而,要给用户带来更好的体验,会希望在不离开浏览器的情况下执行服务器端验证。为了实现这个功能,ASP.NET MVC 框架还为应用程序在名称空间 System.Web.Mvc 中额外添加了 Remote 验证特性,并不是 DataAnnotations 命名空间。

Remote 属性是 System.Web.Mvc.dll 所实现的验证属性类,它是继承 ValidationAttribute 类与 IClientValidatable 接口实现的。Remote 特性可以利用服务器端的回调函数执行客户端的验证逻辑,将 Remote 特性附加到一个属性,该特性就能调用某控制器上的方法并预期一个 Boolean 响应。该控制器方法会接收要验证的值,以及一个额外的相关字段列表。

以 User 类的 UserName 属性为例,系统中不允许两个用户具有相同的 UserName 值,但在客户端很难通过验证确保 UserName 属性值的唯一性(除非把所有的用户名都从数据库传送到客户端)。使用 Remnote 特性可以把 UserName 的值发送到服务器,然后在服务器端的数据库中与相应的表字段值进行比较。

```
[Remote ("CheckUserName", "Users")]
public string UserName { get; set; }
```

在特性中可以设置客户端代码要调用的控制器名称 Users 和操作名称 CheckUserName,客户端代码会自动把用户输入的 UserName 属性值发送到服务器。

```
public JsonResult CheckUserName (string username)
{
    var result=db.User.Where(a => a.UserName==username).Count()= 0;
    return Json(result,JsonRequestBehavior.AllowGet);
}
```

上面的控制器操作会利用与 UserName 属性同名的参数进行验证,并返回一个封装在 JSON 对象中的布尔类型值(true 或 false)。正是由于数据注解的可扩展性,才导致 Remote 特性的产生。

该特性还有一个重载构造方法,其中的 AdditionalFields 参数还允许指定要发送给服务器的其他字段。

8. NotMapped

NotMapped 特性可以将该属性应用到领域模型的属性中,Code First 默认的约定是为所有带有 get 和 set 属性选择器的属性创建数据列。

NotMapped 特性打破了这个约定,可以使用 NotMapped 特性到某个属性上面,然后 Code First 为这个属性就不会在数据表中创建列了。

NotMapped 的使用方法如下所示。

```
public partial class Users
    {
        public int UserId { get; set; }
        public string UserName { get; set; }
        public string Sex { get; set; }
        public string Password { get; set; }
        [NotMapped]
        public string ComfirmPassword { get; set; }
        ...
    }
```

在 Users 模型中添加 ComfirmPassword 确认密码属性,用来在用户进行注册时对密码进行重复验证,但该列不需要保存到数据库中,因此为 ComfirmPassword 属性增加 NotMapped 注解。修改完代码后做数据迁移,打开数据库文件查看 Uers 表的表结构,如图 7.6 所示。

可以看到,Users 表里没有 ComfirmPassword 列。除使用 NotMapped 注解外,如果模型中的属性只有 get 属性访问器,或者只有 set 属性访问器,EF 的 Code First 也不会为它创建对应的数据列。

例如下面的 Student 模型:

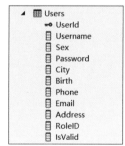

图 7.6　添加 ComfirmPassword 数据

```
public class Student
    {
        public int StudentID { get; set; }
        public string StudentName { get; set; }
        public DateTime? Birth { get; set; }
        public string Age
        {
            get { DateTime.Now.Year- ((DateTime)Birth).Year }
        }
    }
```

在 Student 模型中,属性 Birth 记录了学生的出生日期,年龄可以通过生日计算,因此不需要保存在数据表中,可以通过设置 get 属性访问器的形式定义。

7.1.2   显示和编辑注解

在前面的强类型视图中,使用模型生成页面时,所要提交的数据是使用 HTML 辅助方法 EditorForModel 实现的,但生成的表单与期望不符,如用户名的提示文字为 UserName,开发人员可以很明显地看出是要填入用户名,但用户却很难理解,因此需要在页面中显示用户可以接受和理解的文字语言。

解决这些问题的方法也在命名空间 System.ComponentModel.DataAnnotations 中,和前面看到的验证特性一样,模型元数据提供器会收集下面的显示(编辑)注解信息,以供 HTML 辅助方法和 ASP.NET MVC 运行时的其他组件使用。HTMI 辅助方法可以使用任何可用的元数据改变模型的显示和编辑 UI,元数据通过元数据提供程序对象读取;默认的元数据提供程序会从数据批注特性中获取信息。

1. DisplayName

DisplayName 特性可为模型属性设置友好的"显示名称",该属性属于 System.ComponentModel 命名空间,使用时别忘了引用。这里将 DisplayName 特性用于 Users 模型中的 UserName、Sex 和 Password 字段来修改显示名称。

```
[DisplayName (Name = "用户名")]
public string UserName { get; set; }
[DisplayName (Name = "性别")]
public string Sex { get; set; }
[DisplayName (Name = "密码")]
public string Password { get; set; }
```

加上这个特性后,视图就会渲染出如图 7.7 所示的画面。

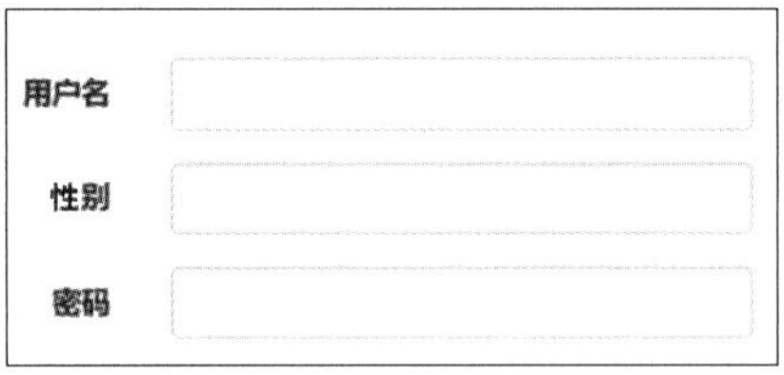

图 7.7   添加显示名称后的页面效果

除了 DisplayName 外,Display 特性也具有相同的功能,不同的是,Display 位于 System.ComponentModel.DataAnnotations 命名空间,还可以控制 UI 上属性的显示顺序,使用资源文件等功能。例如,要实现对 UserName 和 Password 编辑框显示次序的控制,可使用下面的代码:

```
[Display(Name="用户名", Order = 10010)]
public string UserName { get; set; }
[Display (Name = "性别", Order = 10005)]
```

```
public string Sex { get; set; }
[Display(Name = "密码", Order = 10015)]
public string Password {get; set; }
```

假设在 User 模型中没有其他属性具有 Display 特性，那么表单中最后三个字段的顺序应该先是 Sex，然后才是 UserName，最后是 Password。Order 参数的默认值是 10000，各个字段将按照这个值升序排列。

2. ScaffoldColumn

ScaffoldColumn 注解主要是在视图中隐藏 HTML 辅助方法（如 EditorForModel 和 DisplayForModel）渲染的一些属性。如果模型类中某些属性不需要被基架生成相关 View 程序代码，则可以为该属性添加 ScaffoldColumn 注解。例如，在 Users 类中为非必填属性 City 设置［ScaffoldColumn(false)］注解。

```
[DisplayName(Name="城市")]
    [ScaffoldColumn(false)]
    public string City{ get; set; }
```

添加这个特性后，当基架在使用 Users 类生成 UsersController 与相关的 View 时，所有视图页面将不会含有设置［ScaffoldColumn(false)］属性的程序代码，也不会影响生成的 Controller 程序代码。EditorForModel 辅助方法将不再为 City 字段显示输入元素和 label 标签。然而，这里需要注意的是，如果模型绑定器在请求中看到匹配的值，那么它仍然会试图为 City 属性赋值。

3. ReadOnly

如果需要确保默认的模型绑定器不使用请求中的新值更新属性，则可在属性上添加 ReadOnly 特性。

```
[ReadOnly(true)]
public string UserName { get; set; }
```

注意，这里的 EditorForModel 辅助方法仍会为 UserName 属性显示一个可用的输入元素，因此只有模型绑定器考虑 ReadOnly 特性。

4. DataType

DataType 特性可为运行时提供关于属性的特定用途信息。例如，String 类型的属性可应用于很多场合（可以保存 E-mail 地址、电话号码、URL 或密码）。DataType 特性可以满足所有这些需求。

```
[DataType(DataType.Password)]
public string Password {get; set; }
[DataType(DataType.Date)]
public DateTime? Birth { get; set; }
```

对于一个 DataType 为 Password 的属性，ASP.NET MVC 中的 HTMI 编辑器辅助方法会渲染一个 type 特性值为"password"的输入元素，当在浏览器中输入密码时，就看不到输入的字符了。而 DataType 为 Date 的属性，渲染了一个 type 特性值为"date"的输入元素,此时可以调用日期控件选择日期。修改 DateType 属性的页面如图 7.8 所示。

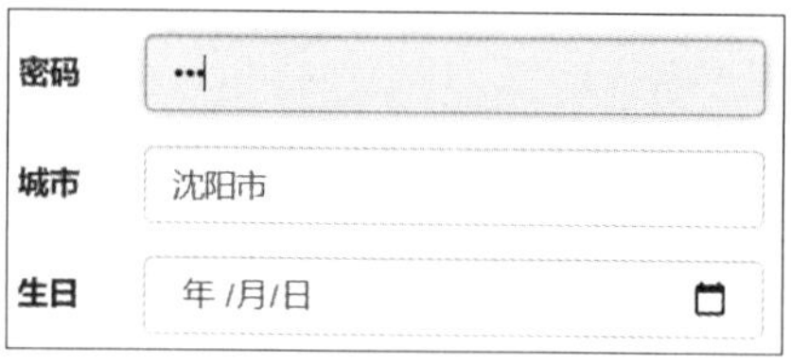

图 7.8   DataType 类型显示

其他数据类型还有 EmailAddress、Currency、DateTime、Time 和 MultilineText 等。

5. DisplayFormat

除了使用现成的 DataType 格式化特性之外,还可以明确指定 DataFormatString 值处理属性的各种格式化选项,当属性为空时,可以提供可选的显示文本。下面的代码展示了 Birth 属性使用格式化字符串的情况,可以使用它显示生日的显示格式。

```
[DisplayFormat (ApplyFormatInEditMode = true, DataFormatString =" {0: dd/MM/
yyyy}")]
public DateTime Birth{ get; set; }
```

DisplayFormat 注解中 ApplyFormatInEditMode 参数的值默认是 false,所以,如果想把 Birth 属性格式化为表单输入元素,则需要将属性 ApplyFormatInEditMode 的值设置为 true。例如,当数据库中 Birth 字段的值设置为"2021/1/7 0:00:00"时,将在视图中看到如图 7.9 所示的输出。

| 生日 | 07/01/2021 |

图 7.9   DisplayFormat 类型显示

之所以将 ApplyFormatInEditMode 参数的默认值设为 false,其中一个主要原因是 ASP.NET MVC 模型绑定器不能显示那些解析格式化的值。假设格式化的字符串中包含了其他特殊字符,模型绑定器将不能解析提交回的数据,因此应将属性 ApplyFormatInEditModel 的值设为 false。

6. HiddenInput

HiddenInput 在名称空间 System.Web.Mvc 中,它可以告知运行时渲染一个 type 特性值为"hidden"的输入元素。隐藏输入可以很好地保存表单中的信息,但用户在浏览器中不能看到,也不能编辑这些数据(因为恶意用户可以通过改变提交的表单值改变输入值,所以不要想当然地认为这个特性是万无一失的),以便浏览器将原有数据返回给服务器。

7.1.3   自定义错误提示消息及本地化

每个验证特性都允许传递一个带有自定义错误提示消息的参数。例如,如果不喜欢与 RegularExpression 特性关联的默认错误提示消息(因为它显示的是正则表达式),则可使用如下代码自定义错误提示消息。

```
[RegularExpression(@"[A-Za-z0-9._%+-]+@[A-Za-z0-9.-]+\.[A-Za-z]{2,4}",
ErrorMessage="输入的不是一个有效邮箱地址")]
public string Email { get; set; }
```

ErrorMessage 是每个验证特性中用来设置错误提示消息的参数名称。

```
[Required(ErrorMessage = "必须输入用户名")]
public string UserName { get; set; }
```

自定义的错误提示消息在字符串中也有一个格式项，内置特性使用友好的属性显示名称格式化错误提示消息字符串。

请看下面代码中的 Required 特性。

```
[Required(ErrorMessage = "必须输入{0}")]
public string UserName { get; set; }
```

该特性使用了带有格式项{0}的错误提示消息。如果客户不填写 UserName，就会出现"必须输入 UserName"的错误提示消息，当给 UserName 加上 Display 或 DisplayName 特性，则 UserName 会替换成 Display 或 DisplayName 特性中设置的值。

如果应用程序是面向国际市场开发的，那么这种硬编码错误提示消息的技术就不大实用了。这时就不简单是像上面这样显示的固定文本，而是为不同的地区显示不同的文本内容。幸好，所有验证特性都允许为本地化的错误提示消息指定资源类型名称和资源名称。

在项目中新建资源文件 ErrorMessages，并定义 EmailCompareMsg 资源如图 7.10 所示。

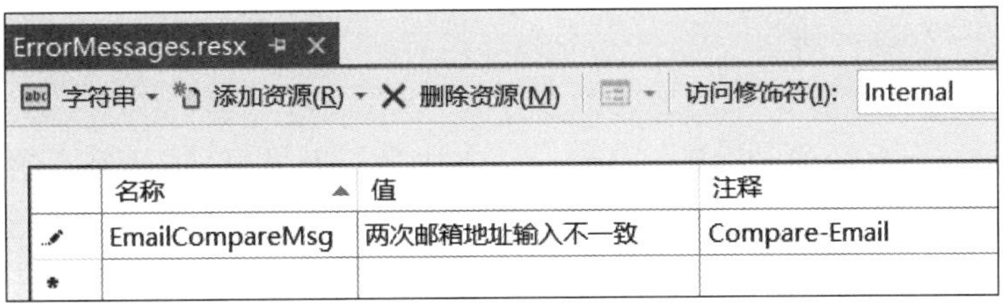

图 7.10　EmailCompareMsg 资源文件

将 Compare 注解的错误提示信息修改为指定资源类型名称和资源名称。

```
[Compare ( " Email ", ErrorMessageResourceType = typeof ( ErrorMessages ),
ErrorMessageResourceName = "EmailCompareMsg")]
public string EmailT { get; set; }
```

7.2　控制器操作和验证错误

控制器操作决定了在模型验证失败和验证成功时的执行流程。在验证成功时，操作通常会执行必要的步骤来保存或更新客户的信息；当验证失败时，操作一般会重新渲染提交模型值的视图,这样就可以让用户看到所有的验证错误提示消息,并按照提示改正输入错误或补填遗漏的字段信息。

可以在控制器类中使用 ModelState.IsValid 属性检查是否有验证问题。当 ASP.NET MVC 执行完 Model Binding 之后,就可以获取 ModelState 字典对象来使用。ModelState.IsValid 属性主要判断 ModelState.Errors.Count,数据验证过程没有任何错误(IsValid 返回 true),就执行 Create 或 Edit 操作,不然就将 Model 包含的 ModelState 信息传递回原来的 View。使用基架产生的 View 都会包含对应处理的 HTML 辅助方法,例如 @Html.ValidationSummary(true)、@Html.ValidationMessageFor()等。当这些辅助方法发现传递过来的数据里含有 ModelState 对象时,就会读取 ModelState.Errors 并且呈现默认或 Model MetaData 设置的信息。

以下代码就展示了在创建一个用户时使用 ModelState.IsValid 属性来验证。

```
public ActionResult Create([Bind(Include = "UserId,UserName,Sex,Password,
City,Birth,Phone,Email,Address,RoleID")] Users users)
{
    if (ModelState.IsValid)
    {
        db.Users.Add(users);
        db.SaveChanges();
        return RedirectToAction("Index");
    }

    ViewBag.RoleID = new SelectList(db.Roles, "RoleID", "RoleName", users.
RoleID);
    return View(users);
}
```

如果没有验证错误,便会跳转到 Index()方法显示列表页面;如果有验证错误,模型状态无效,操作就会重新渲染 Create 视图,给用户一个修正验证错误,重新提交表单的机会。ModelState 是服务器端一道重要的防线,使用起来就是简单的判断式。

在有错误时,仅显示表单并不十分有用,还需要给用户提供一些指示,告诉他们有什么问题,以及为什么不能接受他们递交的表单。其实现办法是在视图中使用 Html.ValidationMessage 和 Html.ValidationSummary 辅助器方法。

DefaultModelBinder 类有错误发生时是通过在 ModelStateDictionary 类的 AddModelError()方法中将错误加入 Errors 字典的。如果在 Model Binding 后开发人员自行设计验证规则,也可以模仿以上方式使用 AddModelError()方法加入错误。

```
public ActionResult Create([Bind(Include = "UserId,UserName,Sex,Password,
City,Birth,Phone,Email,Address,RoleID")] Users users)
{
    if (ModelState.IsValid)
    {
```

```
        if(string.IsNullOrEmpty(users.City))
        {
            ModelState.AddModelError("City","城市不能为空");
             return View(users);
        }
        db.Users.Add(users);
        db.SaveChanges();
        return RedirectToAction("Index");
    }
    ViewBag.RoleID = new SelectList(db.Roles, "RoleID", "RoleName", users.
RoleID);
    return View(users);
}
```

因为 ModelState 是字典,所以也可以针对某一重要属性进行个别处理,或者将错误信息存入日志中。

```
if (ModelState["City"].Errors.Count > 0)
{
    //错误处理
    ...
}
```

在某些情况下,如果不希望 ModelState 对象被传递至 View,则使用 ModelState.Clear()方法将 ModelState 字典清除即可。

7.3　自定义验证

ASP.NET MVC 框架的扩展性意味着实现自定义验证逻辑有很大的可行性。本节重点介绍两个核心应用方法。

- 将验证逻辑封装在自定义的数据注解中。
- 将验证逻辑封装在模型对象中。

把验证逻辑封装在自定义数据注解中可以轻松地实现在多个模型中重用逻辑。当然,这样需要在特性内部编写代码,以应对不同类型的模型,但一旦实现,新的注解就可以在多处重用。

另一方面,如果将验证逻辑直接放入模型对象中,就意味着验证逻辑可以很容易地编码实现,因为这样只需要关心一种模型对象的验证逻辑,从而方便了对对象的状态和结构做某些假定,但这种方式不利于实现逻辑的重用。

下面将详细介绍这两种方式。

7.3.1　自定义注解

可以使用系统内建的验证注解属性验证输入表单中正在使用的类成员,这些注解均从同一个基类派生而来,那就是 ValidationAttribute;但这些是最基本的,而且只能做属性级验证。要完成较为复杂的验证,可以通过从 ValidationAttribute 类进行派生,并实现自定义的验证逻辑,也可以创建自己的验证注解属性。

下面定义 PasswordAttribute 用来限制用户输入密码的格式为字母或者数字,并限制密码的长度,同样要继承 ValidationAttribute 类。

```
public class PasswordAttribute:ValidationAttribute
{

}
```

为了实现这个验证逻辑,至少需要重写基类中提供的 IsValid() 方法的其中一个版本。重写 IsValid() 方法时利用的 ValidationContext 参数提供了很多可在 IsValid() 方法内部使用的信息,如模型类型、模型对象实例、用来验证属性的人性化显示名称,以及其他的有用信息。

```
public class PassWordAttribute:ValidationAttribute
{
    protected override ValidationResult IsValid(object value,ValidationContext
validationContext)
    {
    }
}
```

IsValid() 方法中的第一个参数是要验证的对象的值,如果这个对象值是有效的,就可以返回一个成功的验证结果。以密码验证为例,在判断它是否有效之前,需要知道密码长度的最小值和最大值。要获得这两个限制,可以通过向这个特性添加一个构造函数要求把密码长度的最大值和最小值作为两个参数传递给它:

```
private readonly int _max,_min;
public PassWordAttribute(int max,int min)
{
    _max = max;
    _min = min;
}
```

既然已经参数化了最大、最小的密码长度,下面就可以实现验证逻辑来捕获错误了:

```
protected override ValidationResult IsValid(object value,ValidationContext
validationContext)
{
    if(value!=null)
    {
        string _password = value.ToString();
        string pattern = @"^[a-zA-Z0-9] * $";
        if(_password.Length >= _min && _password.Length <= _max)
```

```
        {
            if (System.Text.RegularExpressions.Regex.IsMatch(_password,
pattern))
            {
                return ValidationResult.Success;
            }
            else
            {
                return new ValidationResult("密码要包含数字和字母");
            }
        }
        else
        {
            return new ValidationResult(string.Format("密码长度要大于{0},小于
{1}",_min,_max));
        }
    }
    return new ValidationResult("密码不能为空");
}
```

上面的代码通过使用 Length() 方法判断密码的长度是否满足要求,对满足要求的密码再使用正则表达式判断其是否由字母或数字组成,如果不满足要求,系统就会返回一个带有硬编码错误提示消息的 ValidationResult 对象,以告知验证失败。

上面代码中的问题在于硬编码的错误提示消息那行代码,使用数据注解的开发人员希望可以使用 ValidationAttribute 的 ErrorMessage 属性自定义错误提示消息,同时还要与其他验证特性一样,提供一个默认的错误提示消息(在开发人员没有提供自定义的错误提示消息时使用),并且还要利用验证的属性名称生成错误提示消息:

```
var errorMessage=FormatErrorMessage(validationContext.DisplayName);
return new ValidationResult(errorMessage);
```

前面的代码做了两处改动:首先向基类的构造函数传递了一个默认的错误提示消息。注意,默认的错误提示消息中包含一个参数占位符({0})。这个占位符之所以存在,是因为第二处改动,即调用继承的 FormatErrorMessage() 方法会自动使用显示的属性名称格式化这个字符串。

FormatErrorMessage 可以确保我们使用合适的错误提示消息字符串,这条代码语句需要传递 name 属性的值,这个值可以通过 validationContext 参数的 DisplayName 属性获得。

构造完验证逻辑后,就可以将其应用到任何模型属性上:

```
[PassWord(5,2)]
public string PassWord{ get=> passWord; set=> PassWord = value; }
```

密码验证页面如图 7.11 所示。

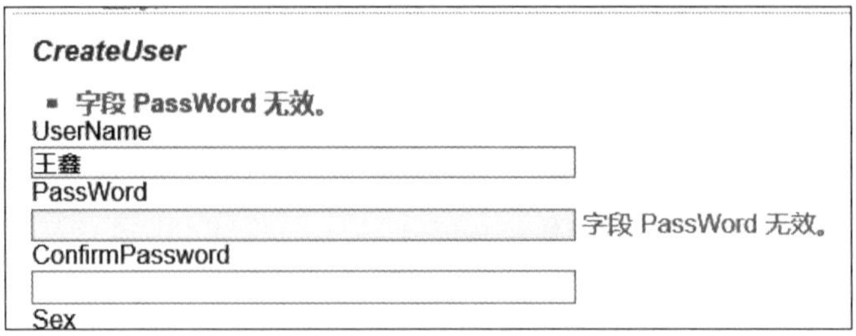

图 7.11　密码验证页面

甚至可以赋予特性自定义的错误提示消息：

```
[PassWord(5, 2, ErrorMessage ="{0}由字母和数字组成")]
public string PassWord {get=> passWord; set=> PassWord = value; }
```

页面效果如图 7.12 所示。

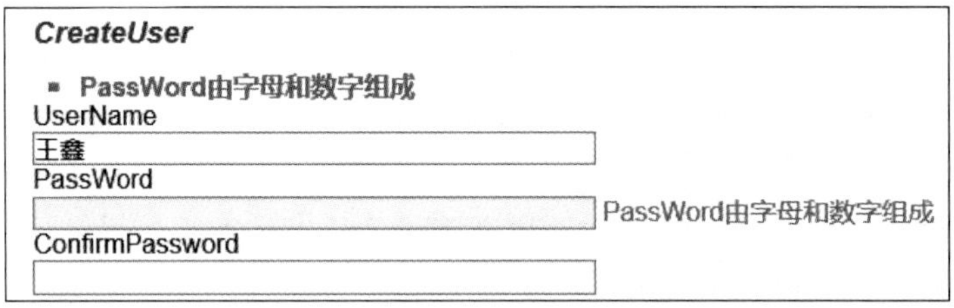

图 7.12　密码验证页面：修改提示信息

7.3.2　IValidatableObject 接口

数据注解会试图将正在从表单传递的数据验证过程自动化。大多数时候，可以使用 ASP.NET MVC 内置的数据注解，并毫不费力地获得错误消息。然而，在其他情况下，当验证比较多且变得复杂时，许多开发人员宁愿选择一个手工定制的验证层，并将所有处理任务都移到一个单独的地方。

自验证（self-validating）模型是指一个知道如何验证自身的模型对象。在面对构建自我验证层的任务时，一个模型对象可以通过实现 IValidatableObject 接口来实现对自身的验证。ASP.NET MVC 会保证任何实现 IValidatableObject 接口的模型类都会自动验证，无须开发人员显式调用验证。该接口如下所示。

```
public interface IValidatableObject
{
    IEnumerable<ValidationResult> Validate(ValidationContext
validationContext);
}
```

如果检测到接口，验证提供程序会在模型绑定步骤期间调用 Validate()方法，但该方法会在数据注解验证之后执行。为演示这个方法，下面在 Users 模型中直接实现对密码字段的格式和长度的检查。

```
public  class Users : IValidatableObject
{
    ****************************
    省略模型中的属性定义……
    ****************************
      public  IEnumerable < ValidationResult >  Validate ( ValidationContext
validationContext)
    {
        if (PassWord != null)
        {
            string pattern = @"^[a-zA-Z0-9] * $";
            if (PassWord.Length >= 2 && PassWord.Length <= 5)
              {
                if (System. Text. RegularExpressions. Regex. IsMatch (PassWord,
pattern))
                {
                    yield return ValidationResult.Success;
                }
                else
                {
                    yield return new ValidationResult("密码要包含数字和字母",
new[]{"PassWord"});
                }
            }
            else
            {
                yield return new ValidationResult(string.Format("密码长度要大于
{0},小于{1}", 2, 5) , new[] { "PassWord" });
            }
        }
        else
        {
            yield return new ValidationResult("密码不能为空");
        }
    }
}
```

这种方式与验证注解有以下 3 个明显的不同点。

• MVC 运行时为执行验证而调用的方法名称是 Validate，而不是 IsValid，更重要的是，它们的返回类型和参数也不同。

• Validate 的返回类型是 lEnumerable < ValidationResult >，而不是单独的 ValidationResult 对象。因为从表面上看，内部的验证逻辑验证的是整个模型，因此可能返回多个验证错误。

- 这里没有 value 参数传递给 Validate()方法,因为在此 Validate()是一个模型实例方法,在其内部可以直接访问当前模型对象的属性值。

注意,上面的代码使用 C♯ 的 yield return 语法构建枚举返回值,同时代码还需要显式地告知 ValidationResult 与其关联的字段的名称(在这个例子中,字段的名称是 PassWord,但是 ValidationResult 的构造函数的最后一个参数是 String 类型的数组,因为这样可以使结果与多个属性关联)。

许多验证场合通过 IValidatableObject 方式都可以更容易地实现,尤其是在模型中共有多个属性的应用场合。

7.4　项　目　实　施

7.4.1　任务一: 添加验证

学习 ASP.NET MVC 中的数据注解功能后,下面为 BookStore 项目中的 Roles、Users、BookTypes、Books、ShoppingCart、Orders 和 OrdersDetails 模型添加验证注解功能。

Roles 和 Users 模型类注解如下。

```
public partial class Roles
    {
        public Roles()
        {
            Users = new HashSet<Users>();
        }

        [Key]
        public int RoleID { get; set; }
        [Required, DisplayName("角色")]
        public string RoleName { get; set; }
        public virtual ICollection<Users> Users { get; set; }
    }
public Users()
        {
            Roles = new Roles();
            IsValid = true;
            Birth = DateTime.Now;
            Sex = "男";
            RoleID = 3;
        }
        [Key]
        public int UserId { get; set; }
```

```
        [Required,DisplayName("用户名")]
        [StringLength(20,MinimumLength =2,ErrorMessage ="{0}的长度必须介于{2}
到{1}")]
        public string UserName { get; set; }

        [Required, DisplayName("姓别")]
        [DisplayFormat(NullDisplayText = "男")]
        public string Sex { get; set; }
        [Required, Display(Name = "密码")]
        [DataType(DataType.Password)]
        public string Password { get; set; }
        [DisplayName("城市")]
        public string City { get; set; }
        [Required, DisplayName("生日")]
        [DataType(DataType.Date)]
        [DisplayFormat (ApplyFormatInEditMode = true, DataFormatString ="{0:
dd/MM/yyyy}")]
        public DateTime? Birth { get; set; }
        [Required, DisplayName("电话")]
        [DataType(DataType.PhoneNumber)]
        [RegularExpression("^1[3|4|5|7|8][0-9]{9}$")]
        public string Phone { get; set; }
        [Required, DisplayName("邮箱")]
        [RegularExpression(@"[A-Za-z0-9._%+-]+@[A-Za-z0-9.-]+\.[A-Za-z]{2,
4}")]
        [DataType(DataType.EmailAddress)]
        public string Email { get; set; }
        [DisplayName("地址")]
        public string Address { get; set; }
        [ScaffoldColumn(false)]
        public bool IsValid { get; set; }
        public int RoleID { get; set; }
        public virtual Roles Roles { get; set; }
    }
```

除了在各属性中使用 Require 设置必填项,使用 Display 设置页面显示名称外,还在
UserName 属性中添加了 StringLength 用来限制输入长度;使用 DataType 为 Password
设置密码类型,页面上的密码就不显示明文;Birth 属性设置为 Date,可使页面中显示日
期选择控件;还有电话号码和邮箱格式设置,它们同时使用正则表达式验证了输入内容;
IsValid 添加了 ScaffoldColumn 验证,当设置为 false 时,使用基架添加的视图不包含该
属性。

BookTypes 和 Books 模型验证如下。

```
public class BookTypes
```

```
    {
        public BookTypes()
        {
            Books = new HashSet<Books>();
        }
        [Key]
        public int BookTypeId { get; set; }
        [Required, DisplayName("图书类别")]
        public string BookTypeName { get; set; }
        [ DisplayName("类别描述")]
        public string Description { get; set; }
        public ICollection<Books> Books { get; set; }
    }
    public class Books : IValidatableObject
    {
        [Key]
        public int BookId { get; set; }
        [Required, DisplayName("图书名")]
        public string BookName { get; set; }
        [Required, DisplayName("作者")]
        public string Author { get; set; }
        [Required, DisplayName("ISBN")]
        public string ISBN { get; set; }
        [Required, DisplayName("价格")]
        public decimal Price { get; set; }
        [Required, DisplayName("图片地址")]
        public string BookUrl { get; set; }
        public int BookTypeId { get; set; }
        public BookTypes bookTypes { get; set; }
        public IEnumerable < ValidationResult > Validate ( ValidationContext
validationContext)
        {
            BookStoreModel db = new BookStoreModel();
            var isbn = db.Books.Where(s => s.ISBN == ISBN).ToList();
            if (Price < 0 && Price > 200)
            {
                yield return new ValidationResult("{0}要大于 0 且小于 200", new[]
{ "Price" });
            }
            else if (BookId==0 && isbn.Count() > 0)
            {
                yield return new ValidationResult("ISBN 已存在,请不要重复录入",
new[] { "ISBN" });
            }
```

```
        else
        {
            yield return ValidationResult.Success;
        }
    }
}
```

在 Books 模型中除 Require 和 DisplayName 注解外，其余的验证都是通过 IValidatableObject 接口中的 Validate()方法实现的，这样有利于对验证功能进行统一管理。

ShoppingCarts 模型中除主键、外键外，只有一个 Number 属性，设置数据注解如下：

```
[Required, DisplayName("数量")]
[Range(1,10)]
public int Number { get; set; }
```

Orders 和 OrderDetails 模型验证注解如下：

```
public class Orders
{
    public Orders()
    {
        OrderDetails = new HashSet<OrderDetails>();
        State = OrderState.待付款;
    }
    [Key]
    public int OrderID { get; set; }
    public int UserId { get; set; }
    [Required, DisplayName("创建时间")]
    public DateTime CreateTime { get; set; }
    [Required, DisplayName("总金额")]
    [Range(typeof(decimal), "0.00", "500.00")]
    public decimal TotalMoney { get; set; }
    [DisplayName("收货人")]
    public string ReceiveUserName { get; set; }
    [DisplayName("联系电话")]
    [RegularExpression(@"^1[3|4|5|7|8][0-9]{9}$")]
    public string ReceivePhone { get; set; }
    [DisplayName("收货地址")]
    public string ReceiveAddress { get; set; }
    [DisplayName("订单状态")]
    public OrderState State { get; set; }
    public Users Users { get; set; }
    public virtual ICollection<OrderDetails> OrderDetails { get; set; }
}
```

```
Public class OrderDetails
{
    [Key]
    public int OrderDetailID { get; set; }
    public int OrderID { get; set; }
    public int BookID { get; set; }
    [Required, DisplayName("数量")]
    public int Number { get; set; }
    [ DisplayName("评论内容")]
    [StringLength(200,MinimumLength =10)]
    public string Comment { get; set; }
    [DisplayName("评论时间")]
    [DataType(DataType.Date)]
    public DateTime CommentTime { get; set; }
    public virtual Orders Orders { get; set; }
    public virtual Books Books { get; set; }
}
```

7.4.2 任务二：订单管理

订单管理分为两部分：一部分是前台用户对个人订单的查看和管理；另一部分是后台管理员对所有用户购买的订单操作。新建基架为空的 OrderController，修改 Index 操作用于显示订单列表，这里前后台用户使用同一个操作完成。

修改 Index 操作代码如下。

```
public class OrderController : Controller
{
    BookStoreModel db = new BookStoreModel();
    //GET: Order
    public ActionResult Index()
    {
        if (Session["RoleName"] == null)
        {
            return View("~/Views/Auth/Login.cshtml");
        }
        if (Session["RoleName"].ToString() == "管理员")
        {
            return View(db.Orders.Include("Users").Include("OrderDetails")
          .Include("OrderDetails.Books").ToList());
        }
        else
        {
            int id = Convert.ToInt32(Session["UserID"].ToString().Trim());
            var orders = db.Orders.Include("Users").Include("OrderDetails")
```

```
            .Include("OrderDetails.Books").Where(a => a.UserId.Equals(id)).
ToList();
            return View(orders);
        }
    }
}
```

根据用户角色显示不同的内容,当用户角色为管理员时,显示所有用户的订单列表;当用户角色为会员时,根据用户名获取对应的订单列表。

为 Order 控制器中的 Index 操作创建对应的视图,该视图为模型为 Orders 集合的强类型视图,并根据订单状态动态显示操作按钮,代码如下。

```
@using BookStore.Models;
@model IEnumerable<Orders>

@{
    ViewBag.Title = "我的订单";
}

<h2>订单列表</h2>

<table class="table">
    <tr>
        <th>
            @Html.DisplayNameFor(model => model.Users.UserName)
        </th>
        <th>
            @Html.DisplayNameFor(model => model.CreateTime)
        </th>
        <th>
            @Html.DisplayNameFor(model => model.TotalMoney)
        </th>
        <th>
            @Html.DisplayNameFor(model => model.ReceiveUserName)
        </th>
        <th>
            @Html.DisplayNameFor(model => model.ReceivePhone)
        </th>
        <th>
            @Html.DisplayNameFor(model => model.ReceiveAddress)
        </th>
        <th>
            @Html.DisplayNameFor(model => model.State)
        </th>
        <th></th>
    </tr>
```

```
@foreach (var item in Model)
{
    <tr>
        <td>
            @Html.DisplayFor(modelItem => item.Users.UserName)
        </td>
        <td>
            @Html.DisplayFor(modelItem => item.CreateTime)
        </td>
        <td>
            @Html.DisplayFor(modelItem => item.TotalMoney)
        </td>
        <td>
            @Html.DisplayFor(modelItem => item.ReceiveUserName)
        </td>
        <td>
            @Html.DisplayFor(modelItem => item.ReceivePhone)
        </td>
        <td>
            @Html.DisplayFor(modelItem => item.ReceiveAddress)
        </td>
        <td>
            @Html.DisplayFor(modelItem => item.State)
        </td>
        <td>
            @if (Session["RoleName"] != null && Session["RoleName"].
ToString() == "管理员")
            {
                switch (item.State)
                {
                    case OrderState.待付款:
                        @Html.ActionLink("取消订单", "UpdateOrderState",
new { id = item.OrderID, state = (int)OrderState.取消订单 })
                        break;
                    case OrderState.待发货:
                        @Html.ActionLink("发货", "UpdateOrderState",
new { id = item.OrderID, state = (int)OrderState.待收货 })
                        break;
                    case OrderState.退货申请:
                        @Html.ActionLink("允许退货", "UpdateOrderState",
new { id = item.OrderID, state = (int)OrderState.允许退货 })<span>|</span>
                        @Html.ActionLink("拒绝退货", "UpdateOrderState",
new { id = item.OrderID, state = (int)OrderState.退货已拒绝 })
                        break;
                    case OrderState.取消订单:
```

```
                        @Html.ActionLink("删除", "DeleteOrder", new { id =
item.OrderID }, new { onclick = "return confirm('确认删除？')" })
                    break;
                case OrderState.交易成功:
                        @Html.ActionLink("删除", "DeleteOrder", new { id =
item.OrderID }, new { onclick = "return confirm('确认删除？')" })
                    break;
                case OrderState.评价:
                        @Html.ActionLink("查看评论信息", "GetComment",
new { id = item.OrderID })
                    break;
            }
        }
        else
        {
            switch (item.State)
            {
                case OrderState.待付款:
                        @Html.ActionLink("付款", "UpdateOrderState",
new { id = item.OrderID, state = (int)OrderState.待发货 })<span>|</span>
                        @Html.ActionLink("取消订单", "UpdateOrderState",
new { id = item.OrderID, state = (int)OrderState.取消订单 })
                    break;
                case OrderState.待收货:
                        @Html.ActionLink("查看物流", "LogisticsInfo")<span>|
</span>
                        @Html.ActionLink("确认收货", "UpdateOrderState",
new { id = item.OrderID, state = (int)OrderState.确认收货 })
                    break;
                case OrderState.确认收货:
                        @Html.ActionLink("评价", "Comment", new { id = item.
OrderID })
                    break;
                case OrderState.允许退货:
                        @Html.ActionLink("发货", "UpdateOrderState",
new { id = item.OrderID, state = (int)OrderState.已退货 })
                    break;
                case OrderState.取消订单:
                        @Html.ActionLink("删除", "DeleteOrder", new { id =
item.OrderID }, new { onclick = "return confirm('确认删除？')" })
                    break;
                case OrderState.交易成功:
                        @Html.ActionLink("删除", "DeleteOrder", new { id =
item.OrderID }, new { onclick = "return confirm('确认删除？')" })
                    break;
                case OrderState.评价:
```

```
                              @Html.ActionLink("查看评论信息", "GetComment",
            new { id = item.OrderID })
                                  break;
                          }
                  }
              </td>
          </tr>
          <tr align="center">
              @foreach (var detail in item.OrderDetails)
              {
                  <td>
                      <img src="@detail.Books.BookUrl" height="32" width="30" />
                      <text>@detail.Books.BookName (@detail.Number)本</text>
                  </td>

              }
          </tr>
      }
  </table>
```

该页面不仅显示了订单列表,还显示了每个订单中都有哪些图书及其数量,同时针对不同的角色和订单状态使用多分支条件判断显示不同的链接。

管理员登录系统后,订单状态为待付款时,显示"取消订单";订单状态为待发货时,显示"发货";订单状态为退货申请时,显示"允许退货"或"拒绝退货";当订单状态为取消订单或交易成功时,显示"删除";当订单状态为评价时,显示"查看评论信息"。会员登录系统后,订单状态为待付款时,显示"付款"或"取消订单";订单状态为待收货时,显示"查看物流"和"确认收货";订单状态为确认收货时,显示"评价";当订单状态为允许退货时,显示"发货";当订单状态为取消订单或交易成功时,显示"删除";当订单状态为评价时,显示"查看评论信息"。关于订单的状态转换,可以根据实际需求进行调整。

运行程序,分别以管理员和会员角色浏览订单列表页面"/Order/Index",如图 7.13和图 7.14 所示。

对订单的处理,主要是修改订单的不同状态,付款、发货、确认订单等的处理目前较为简单,直接修改订单状态,在 OrderController 中添加 UpdateOrderState() 方法。

```
public async Task<ActionResult> UpdateOrderState(int id, int state)
{
    Orders orders = await db.Orders.FindAsync(id);
    orders.State = (OrderState)state;
    db.Entry(orders).State = EntityState.Modified;
    await db.SaveChangesAsync();
    return RedirectToAction("Index");
}
```

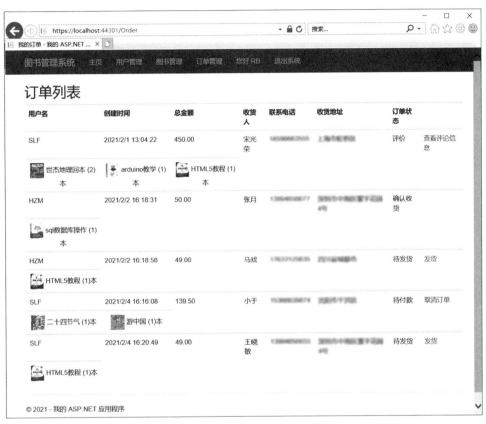

图 7.13　管理员列表页面

图 7.14　会员列表页面

7.4.3 任务三: 评论

用户确认收货后,可以对购买的商品添加购买感受,在 OrderController 中添加 Comment()方法用于显示评论页面。

```
public   ActionResult Comment(int id)
{
    var orders = db.Orders.Include("OrderDetails").Include("OrderDetails.
Books").Where(a => a.OrderID == id).First();
    ViewBag.OrderID=id;
    return View(orders);
}
```

评论页面需要显示该订单中的所有商品,对每一个图书用户都可以给出评论。下面新建 Comment 页面,该页面不仅用于添加评论,同时也可以用来查看订单评论信息。Comment 页面代码如下。

```
@model BookStore.Models.Orders

@{
    ViewBag.Title = "Comment";
}


<h2>商品评价</h2>
@if (ViewBag.IsReadOnly != null && (bool)ViewBag.IsReadOnly)
{
    @Html.ValidationSummary(true, "", new { @class = "text-danger" })
    for (var i = 0; i < Model.OrderDetails.Count(); i++)
    {
        @Html.HiddenFor(x => x.OrderDetails[i].OrderDetailID)
        <img src="@Model.OrderDetails[i].Books.BookUrl" height="32" width=
"30" />
        <text>@Model.OrderDetails[i].Books.BookName (@Model.OrderDetails[i].
Number)本</text>
        <br />
        <p>@Model.OrderDetails[i].Comment</p>
        <p>@Model.OrderDetails[i].CommentTime</p>
    }
}
else
{
    using (Html.BeginForm("Comment", "Order", FormMethod.Post))
    {
        @Html.HiddenFor(x => x.OrderID)
        @Html.ValidationSummary(true, "", new { @class = "text-danger" })
        for (var i = 0; i < Model.OrderDetails.Count(); i++)
```

```
        {
            @Html.HiddenFor(x => x.OrderDetails[i].OrderDetailID)
            <img src="@Model.OrderDetails[i].Books.BookUrl" height="32" width
="30" />
            <text>@Model.OrderDetails[i].Books.BookName (@Model.OrderDetails
[i].Number)本</text>
                @ Html. EditorFor (x => x. OrderDetails [i]. Comment, new {
htmlAttributes = new { @class = "form-control" } })
            <br />
        }
        @Html.TextBox("Submit", "评价", new { type = "Submit" })
    }
}
```

使用 ViewBag.IsReadOnly 判断当前页面是用于输入评论内容,还是用于查看评论,需要在控制器方法中进行设置。下面是查看评论的 GetComment()方法和提交评论的 Comment()的代码。

```
public async Task<ActionResult> GetComment(int id)
{
    var orders = db.Orders.Include("OrderDetails").Include("OrderDetails.
Books").Where(a => a.OrderID == id).First();
    ViewBag.IsReadOnly = true;
    return View("Comment",orders);
}


[HttpPost]
public async Task<ActionResult> Comment(Orders orders)
{
    Orders orderSelect =db.Orders.Where(a=>a.OrderID==orders.OrderID).First();
    orderSelect.State = OrderState.评价;
    db.Orders.Attach(orderSelect);
    db.Entry(orderSelect).State = EntityState.Modified;

    foreach (var item in orders.OrderDetails)
    {
        OrderDetails orderDetails = await db.OrderDetails.FindAsync(item.
OrderDetailID);
        orderDetails.Comment = item.Comment;
        orderDetails.CommentTime = DateTime.Now;
        db.OrderDetails.Attach(orderDetails);
        db.Entry(orderDetails).State = EntityState.Modified;
    }
    await db.SaveChangesAsync();
    return RedirectToAction("Index");
}
```

运行程序,当订单状态为确认收货时,单击"评价"按钮或者在地址栏输入"order/comment/订单号",页面如图 7.15 所示。

图 7.15　评价页面

当订单列表页面中的订单状态为评价时,单击查看评价信息或者在地址栏中输入"Order/GetComment/订单号"可查看到指定订单的评价。订单评价页面如图 7.16 所示。

图 7.16　订单评价页面

7.5 同 步 训 练

1. 为 Student 模型添加验证,首先进行客户端验证:StudentID 属性为主键;StudentNumber 属性为必填项;StudentName 属性的最大长度为 30,最小长度为 4。

2. 对 Student 模型中的 StudentNumber 属性添加唯一性的服务器验证,使用 Remote 完成(新建并调用 Home 控制器中的 CheckStudentNumber()方法)。

3. Student 模型继承 IValidatableObject 接口,完成学号必须以 S 开始(StartsWith()方法)的自定义验证,否则提示"学号必须以大写字母 S 开始"。

4. 在解决方案中右击 Views/Home 文件夹,添加视图名为 CreateStudent,模板为 Create,模型类为 Student 的强类型视图,在该视图最底端添加与验证相关的 jQuery 脚本。

第 8 章

认证与安全

本章导读：

保护应用程序安全的第一步，同时也是最简单的一步，就是要求只有用户登录系统才能访问应用程序的特定部分。为了回避尴尬的安全漏洞问题，程序的安全性通常是不得不考虑的，应用程序开发人员最常处理的安全方面的内容当然是用户的身份验证和授权。

大部分网站系统都会区分出管理者和用户不同的接口与功能，自行开发验证授权机制，并没有一致性的逻辑及统一的方法。为了避免开发人员一直在重复造轮子，ASP.NET MVC 在网站中提供了集成身份验证和授权的配套设施，本章将带领大家学习如何利用成员资格、授权和 ASP.NET MVC 中提供的安全特性让用户及那些匿名攻击者群体以我们希望的方式使用应用程序。

本章要点：

本章首先介绍如何使用 ASP.NET MVC 中的安全特性执行像授权这样的应用功能，然后介绍如何处理常见的安全威胁。必须确保访问 ASP.NET MVC 应用程序的每个用户都能按照设计的方式使用它，才是安全问题的讨论范畴，最后完成图书销售系统的认证和授权功能。

8.1 ASP.NET MVC 中的安全性

起初，ASP.NET 支持 3 种类型的身份验证方法：Windows、Passport 和 Forms，第 4 种可选项是 None，意味着 ASP.NET 不会尝试执行自己的身份验证，而是完全依赖于由 IIS 所执行的身份验证。

Windows 身份验证很少应用于实际的互联网应用程序，由于它基于微软 Windows 账户和 NTFS ACL 令牌，因此，它会假定客户端是从运行 Windows 的设备连接的。Windows 身份验证依赖于操作系统对 ASP.NET Core 应用程序的用户进行身份验证。当服务器使用 Active Directory 域标识或 Windows 账户标识用户时，可以使用 Windows 身份验证。Windows 身份验证最适合用于用户、客户端应用和 Web 服务器属于同一 Windows 域的 Internet 环境。

Passport 身份验证依赖于 Microsoft 提供的集中服务，它使用电子邮件地址和密码识别用户，并且单个 Passport 账户可以与许多不同的 Web 站点一起使用。

表单身份验证是最常用的收集和验证用户凭据的方式；例如，使用用户账户数据库进行验证，本章将以表单身份验证为例完成认证功能。

8.1.1 在 ASP.NET MVC 中配置身份验证

Authorize Attribute 是 ASP.NET MVC 自带的默认授权过滤器,可用来限制用户对操作方法的访问。将该特性应用于控制器,就可以快速将其应用于控制器中的每个操作方法。

HTTP 是无状态的,所以上一次请求和下一次请求并不能相互关联起来,就是说这些请求并不能确定是哪个用户及用户的状态。但是,对于登录来说,就需要准确地知道用户的状态及是哪个用户。

通常有两种记录用户状态的方式。

- 在服务端通过 Session 标识。
- 通过 Cookie 在客户端标识用户(用户每次请求应用程序时都会携带该 Cookie)。

Forms 身份验证将身份验证标记保留在 Cookie 或页的 URL 中,它通过 FormsAuthenticationModule 类参与到 ASP.NET 页面的生命周期,可以通过 FormsAuthentication 类访问 Forms 身份验证信息和功能。

在 ASP.NET MVC 和 Web Forms 中是通过根目录下 web.config 文件中的 <authentication>部分选择身份验证机制的,下级子目录继承了为应用程序所选的身份验证模式。默认情况下,ASP.NET MVC 应用程序会被配置为使用 Forms 身份验证。

下面的代码是在 ASP.NET MVC 的 web.config 文件的 Forms 身份验证配置,放在 <system.web>根节点下:

```
<authentication mode="Forms">
    <forms loginUrl="/users/login" timeout="2880" requireSSL="false" />
</authentication>
```

使用 authentication 元素建立认证,并且使用 mode 属性指明想要使用表单验证,它是面向 InternetWeb 应用程序最常用的一种。以这种方式配置后,应用程序会在每一次用户尝试访问通过身份验证的用户所保留的 URL 时,把用户重定向到指定的登录 URL。LoginUrl 属性告诉 ASP.NET,当用户需要对自己进行认证时,应该将它们定向到哪一个 URL——这里的"~/Users/Login"指向 User 控制器中的 Login()方法。timeout 属性指明了被认证用户一旦成功登录之后的保持时间,用分钟表示(默认时间是 48 小时(2880 分钟))。

设置好该配置文件,并不需要特意给 Action 传递 returnUrl,就可以获取到跳转地址。此时,当未登录的用户访问带有[Authorize]特性的 Action 操作时,会跳转到登录页面,同时,Login 页面的 URL 后面会添加一个加密的 ReturnUrl 地址,该地址指向之前访问的有[Authorize]特性的 Action 地址。

8.1.2 限制对操作方法的访问

当要限制对某操作方法的访问时,可以通过在控制器上或者控制器内部特定操作上的 Authorize 操作过滤器实现,甚至可以为整个应用程序全局使用 Authorize 操作过滤器,但需要在登录时将用户信息设置到 FormAuthentication 中。

使用 Authorize 特性确保只有通过身份验证的用户可以执行。下面是一个限制 Index()方法访问的示例:

```
[Authorize]
public ActionResult Index()
{

}
```

将 Authorize 特性添加到方法,则方法需要进行身份验证,如果将 Authorize 特性添加到控制器类,那么控制器上的任何操作方法都需要进行身份验证。

```
[Authorize]
public class HomeController : Controller
{
    public ActionResult Index()
    {
    }
}
```

Authorize 特性是可继承的,这意味着可以将它添加到控制器基类,并确保派生控制器的所有方法都需要进行身份验证。Authorize 特性并不局限于身份验证,它还支持限制用户或者角色的访问。任何用该特性标记的方法除了只能由经过身份验证的用户执行,还可以用规定的角色将访问限制在一组特定的通过身份验证的用户上,只要通过给该特性添加两个命名参数即可实现这一点,如下所示:

```
[Authorize(Roles ="admin;superadmin",Users ="SuSan;Wetse")]
public class HomeController : Controller
{

}
```

在上面的示例中,只有角色为 admin 或 superadmin,且用户名为 Susan 或 Wetse 的用户对 Home 控制器中的所有方法才有访问权。请注意 Roles 和 Users,如果它们被指定了的话,将合并到逻辑 AND 运算中。如果用户未通过身份验证或没有提供所需的用户名称和角色,该特性会阻止其访问方法,并将用户重定向到登录 URL。

对于大部分网站来说,基本上整个应用程序都是需要授权的。这种情形下,默认授权要求和匿名访问少数网页(如主页和一些登录有关的页面)就变得极其简单。因此,把 AuthorizeAttribute 配置为全局过滤器,使用 AllowAnonymous 特性匿名访问指定控制器或方法就变成了不错的想法。为将 AuthorizeAttribute 注册为全局过滤器,需要把它添加到 RegisterGlobalFilters(包含在 App_Start/FilterConfig.cs 文件)中的全局过滤器集合,下面的代码会限制访问任何资源,包括登录页面。

```
public static void RegisterGlobalFilters(GlobalFilterCollection filters)
{
```

```
    filters.Add(new AuthorizeAttribute());
    filters.Add(new HandleErrorAttribute());
}
```

这样就会把 AuthorizeAttribute 应用到整个程序的所有控制器操作。显而易见,全局身份验证的问题也限制了对整个网站的访问,其中包括对登录页面的访问。其结果是,用户在能够进行注册之前,必须已经登录,但是此时他们并没有账户,所以需要把 AllowAnonymous 放在任何需要匿名访问的方法(或整个控制器)来选择所需的授权,否则无法正常登录,会出现如图 8.1 所示的错误提示页面。

图 8.1　匿名访问错误提示页面

8.1.3　允许匿名调用

ASP.NET MVC 提供了另一种与安全相关的特性:AllowAnonymous 特性,当其应用于方法时,它会指示 ASP.MVC 运行时在调用方未通过身份验证的情况下也让其通过。AllowAnonymous()方法派上用场的情况是,当把 Authorize 应用在控制器类级别或者整个应用程序时,需要启用对一些方法的自由访问,尤其是注册登录方法,使用方法如下所示。

```
[AllowAnonymous]
public ActionResult Login(string username, string password)
{
}
```

这样,即便把 AuthorizeAttribute 注册为全局过滤器,用户仍能访问登录操作,按照相同办法为注册和首页添加 AllowAnonymous 特性即可。

8.1.4　授权和输出缓存

输出缓存具体来说是 OutputCache 特性——会指示 ASP.NET MVC 不必每次都真正处理请求,但要返回一个先前计算的且依然有效(即没有过期)的缓存响应。输出缓存功能打开后,用户就可能请求一个已在缓存中且受保护的 URL。如果需要身份验证或授权的方法也配置为支持输出缓存,那么如何实现呢?

ASP.NET MVC 确保了 Authorize 特性优先于输出缓存。尤其是,只有当用户通过身份验证和授权,输出缓存层才会为处于 Authorize 中的方法返回一个缓存的响应。

OutputCache 特性的使用方法如下所示。

```
[OutputCache(Duration =20)]
public ActionResult Index()
{
    return View();
}
```

上面例子为 Index()方法添加了一个过期时间为 20 秒的缓存，在 Controller 上加 OutputCache 特性时，Controller 下的所有 Action 都将实现此特性。如果 Action 同时也有此特性时，以 Action 为标准，Action 的粒度更精细。

8.1.5　隐藏关键的用户界面元素

有时希望通过简单地禁用或隐藏那些能够触发受限制操作方法的操作链接和按钮来阻止用户访问受限制的资源。检查当前用户和所分配角色的身份验证状态，如果用户没有适当的权限，就可以关闭关键输入元素的可见性标志。

隐藏用户界面(UI)元素(这比禁用它们要简单、有效)还是很不错的，只要仍然还通过使用编程检查来限制对操作方法的访问，该方法实现起来较为简单，这里不再展开讲解。

8.2　项 目 实 践

8.2.1　任务一: 注册、登录

该任务是为图书销售系统添加认证功能，没有登录的用户需要购买商品时，必须登录系统才能进一步操作，对于没有账户的用户，可进入注册页面创建账户。

首先创建分部视图，实现当用户没有登录时在布局页导航栏显示注册和登录按钮，如果用户登录成功，则显示用户名和注销按钮，并将分部视图添加到布局页面。在目录为 Views/Shared 的文件夹中添加空视图，名为_LoginPartial.cshtml，页面代码如下:

```
@if ( Session["UserName"]!=null)
{
    using (Html.BeginForm("LogOff", "User", FormMethod.Post, new { id =
"logoutForm", @class = "navbar-right" }))
    {
        @Html.AntiForgeryToken()
        <ul class="nav navbar-nav navbar-right" >
            <li>
                @Html.ActionLink("你好," + Session["UserName"].ToString()
+ "!", "PersonDetails", "User",
routeValues: null, htmlAttributes: new { id =Session["UserID"].ToString() })
            <li><a href="javascript:document.getElementById('logoutForm').
submit()">注销</a>
        </ul>
```

```
    }
}
else
{
    <ul class="nav navbar-nav navbar-right" >
        <li>@Html.ActionLink("注册", "Register", "User", routeValues: null,
htmlAttributes: new { id = "registerLink" })
        <li>@Html.ActionLink("登录", "Login", "User", routeValues: null,
htmlAttributes: new { id = "LoginLink" })
    </ul>
}
```

在布局页面添加对_LoginPartial.cshtml 页面的引用：

```
<li>@Html.Partial("_LoginPartial")</li>
```

修改 UserController 控制器中的 Login()方法，同时实现个人信息查看 PersonDetails()方法和注销 LogOff()方法。UserController 中的修改如下。

```
public ActionResult Login()
{
    return View();
}
BookManager db = new BookManager();
[HttpPost]
public ActionResult Login(string userName,string password)
{
    var users = db.User.Include("Roles").Where(u => u.UserName == userName &&
u.PassWord == password);
    if (users.Count() > 0)
    {
        Session["UserName"] = users.First().UserName;
        Session["RoleName"] = users.First().Roles.RoleName;
        Session["UserID"] = users.First().UserId;
        return View("~/Views/Home/Index.cshtml");
    }
    else
    {
        return Content("用户名或密码错误,请查证后重新输入!");
    }
}

public ActionResult PersonDetails()
{
    if (Session["UserID"] != null)
    {
```

```
        int id = int.Parse(Session["UserID"].ToString());
        var users = db.User.Where(u => u.UserId == id);
        return View(users.First());
    }
    return View();
}


public ActionResult LogOff()
{
    Session["UserName"] = "";
    Session["RoleName"] = "";
    Session["UserID"] = "";
    return RedirectToAction("Login","User");
}
```

分别添加登录页面 Login.cshtml 和个人信息页面 PersonDetails.cshtml 两个视图，其中在 Login.cshtml 页面添加空视图模板，修改内容如下：

```
<h2>登录页面</h2>


<form action="登录"  method="post"  >
    <input type="text" autocomplete="off"    placeholder="用户名" name=
"userName" required/>
    <input type="password"   autocomplete="off" placeholder="登录密码" name=
"password" />
    <button type="submit" >登录</button>
</form>
```

个人信息页面 PersonDetails.cshtml 使用模板进行创建，模板选择 Details，模型类选择 User，数据上下文类选择 BookManager，如图 8.2 所示。

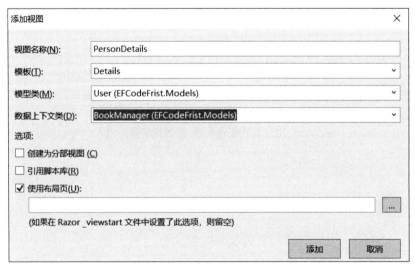

图 8.2　创建 PersonDetails 视图

运行程序,查看登录页面,登录前页面如图 8.3 所示。

图 8.3 登录前页面

用户没有登录系统时,导航栏中会显示注册按钮和登录按钮,输入用户名、密码登录成功后,导航栏中会显示用户名和注销按钮,单击用户名显示用户个人信息。登录后页面如图 8.4 所示。

图 8.4 登录后页面

8.2.2 任务二: 认证和授权

在 4.5.3 节中创建了 AuthController 控制器,完成了用户登录页面,本节在此基础上对 BookStore 系统中登录成功的用户进行认证授权,使用 AuthorizeAttribute 特性设置全局身份验证,并将登录页面和首页设置为允许匿名调用。

首先在 web.config 文件中配置使用 Forms 身份验证,配置登录地址为 AuthController 中的 Login() 方法。

```
<system.web>
  <authentication mode="Forms">
    <forms loginUrl="/Auth/login" protection="All" timeout="100" path="/"
requireSSL="false" slidingExpiration="true" enableCrossAppRedirects="false"
cookieless="UseDeviceProfile" domain="" />
  </authentication>
```

```
<compilation debug="true" targetFramework="4.7" />
<httpRuntime targetFramework="4.7" />
</system.web>
```

下面修改 AuthController 中的 Login()方法,将用户登录信息添加到 FormsAuthentication 中,并实现注销功能。

```
public class AuthController : Controller
{
    private BookStoreModel db = new BookStoreModel();

    public ActionResult Login()
    {
        return View();
    }


    [HttpPost]
    public ActionResult Login(string userName, string password)
    {
        var user = db.Users.Where(s => s.UserName.Equals(userName) && s.
Password.Equals(password)).FirstOrDefault();
        if (user == null)
        {
            ViewBag.ErrorMessage = "用户名或者密码错误。";
            return View();
        }
        FormsAuthentication.SetAuthCookie(user.UserName, true);
        FormsAuthenticationTicket authTicket = new FormsAuthenticationTicket(
            1,
            user.UserName,
            DateTime.Now,
            DateTime.Now.AddMinutes(1000),
            false,
            user.Roles.RoleName
            );
        string encryptedTicket = FormsAuthentication.Encrypt(authTicket);
        HttpCookie authCookie = new HttpCookie(FormsAuthentication.
FormsCookieName, encryptedTicket);
        System.Web.HttpContext.Current.Response.Cookies.Add(authCookie);
        Session["Username"] = user.UserName;
        Session["RoleID"] = user.RoleID;
        Session["RoleName"] = user.Roles.RoleName;
        Session["UserID"] = user.UserId;
        return RedirectToAction("Index", "Home");
    }
```

```
public void LogOff()
{
    Session.Clear();
    FormsAuthentication.SignOut();
    FormsAuthentication.RedirectToLoginPage();
}
}
```

Form 认证其实就是生成了一个 Cookie，存放到用户的浏览器中。通过
FormAuthentication.SetAuthCookie(userName,true);设置验证登录的 Cookie，再通过
页面跳转将 Cookie 响应给客户端，需要在设置 Form 验证凭据时把用户角色添加到
Cookie。

在 AuthController 中还增加了 LogOff()方法用于退出系统，退出时清空 Session，调
用 FormsAuthentication.SignOut()方法并跳转到登录页面。

要实现角色授权，还需要在 Global.aspx.cs 的 Application_AuthenticateRequest()方
法中设置 GenericPrincipal 才能起作用，代码如下。

```
protected void Application_AuthenticateRequest(Object sender, EventArgs e)
{
    HttpCookie authCookie = Context. Request. Cookies [FormsAuthentication.
FormsCookieName];
    if (authCookie == null || authCookie.Value == "")
        return;

    FormsAuthenticationTicket authTicket;
    try
    {
            authTicket = FormsAuthentication.Decrypt(authCookie.Value);
    }
    catch
    {
        return;
    }

    string[] roles = authTicket.UserData.Split(';');
    if (Context.User != null)
        Context.User = new GenericPrincipal(Context.User.Identity, roles);
    }
}
```

上面的代码主要是获取登录用户的权限，并将角色赋值给当前用户。设置好权限后，
在 App_Start/FilterConfig 的 RegisterGlobalFilters()方法中配置全局过滤器权限。

```
public class FilterConfig
```

```
{
    public static void RegisterGlobalFilters(GlobalFilterCollection filters)
    {
        filters.Add(new AuthorizeAttribute());
    }
}
```

最后，根据系统权限为控制器及其方法配置，没有登录前只能访问 AllowAnonymous 特性的方法，登录后就可以访问带有 Authorize 注解的动作，当 Authorize 特性不带任何参数时，只要求用户以某种角色身份登录网站，换句话说，它禁止匿名访问。当带 Users 和 Roles 参数时，允许设置指定角色或用户来保证数据安全。

下面设置 BookStores 项目中所有控制器的授权特性，登录、注册和主页允许用户匿名访问；因此为 AuthController 控制器与 HomeController 中的 Index（）添加 AllowAnonymous 注解。

```
[AllowAnonymous]
public class AuthController : Controller
{
    ...
}
public class HomeController : Controller
{
    [AllowAnonymous]
    public ActionResult Index()
    {
    }
    ...
}
```

管理图书和管理用户属于管理员的功能，将 BooksController 和 UsersController 设置为管理员权限。

```
[Authorize(Roles = "管理员")]
public class UsersController : Controller
{
    ...
}
[Authorize(Roles = "管理员")]
public class BooksController: Controller
{
    ...
}
```

购物车和结算属于会员功能，因此将 CartController 和 CheckoutController 设置为普通用户权限。

```
[Authorize(Roles = "普通用户")]
public class CartController : Controller
{
    ...
}


[Authorize(Roles = "普通用户")]
public class CheckoutController : Controller
{
    ...
}
```

订单功能既用于管理员,也用于会员,因此用户只要登录就可以访问,但在操作代码和视图上根据登录角色进行了不同的配置。

8.3 同 步 训 练

1. 参考 8.2.1 节为 StudentManager 项目添加注册登录功能模块。
2. 参考 8.2.2 节为 StudentManager 项目配置身份认证,并配置权限过滤器。

第 9 章

路　　由

本章导读：

软件开发人员常常对一些细节问题倍加关注，尤其在考虑源代码的质量和结构时更是如此。我们常常为代码缩排的风格以及花括号的范围而争论不休，因此，当遇到大部分使用 ASP.NET 技术构建的站点，使用如下所示的 URL 地址时，可能会有些奇怪：

http://example.com/albums/list.aspx? catid＝17313&genreid＝33723&page＝3

我们既然对代码倍加重视，为什么不能同样重视 URL 呢？虽然 URL 看上去并不是那么重要，但它却是一种合法的且广泛使用的 Web 用户接口。

本章要点：

本章首先介绍 ASP.NET MVC 框架如何使用路由，介绍如何将逻辑 URL 映射到控制器上的操作方法，然后简单介绍作为单独特性的路由的底层工作原理，介绍传统的路由及 ASP.NET MVC 5 中新引入的特性路由。特性路由是一个单独的 API，ASP.NET MVC 框架通过它的调用可以把 URL 映射到方法的调用。最后介绍在项目实践中的自定义路由，完成特定的功能。

9.1　统一资源定位符

按照传统，在很多 Web 框架中（如经典的 ASP、JSP、PHP、ASP.NET 等框架），统一资源定位符（URL）代表的是磁盘上的物理文件。例如，当看到请求 http://example.com/books/list.aspx 时，可以确定该站点的目录结构中含有一个 books 文件夹，并且在该文件夹下还有一个 list.aspx 文件。

在上述示例中，URL 和磁盘上物理存在的内容存在直接的对应关系。当 Web 服务器接收到该 URL 的请求时，为了响应客户端请求，它会执行一些与该文件相关联的代码。这种方式对 Web Forms 工作得很好，在 Web Forms 环境下，每个 ASPX 页面既是一个文件，又是一个对请求自包含的响应。

URL 和文件系统之间这种一一对应的关系并不适用于大部分基于 MVC 的 Web 框架（如 ASP.NET MVC）。一般来说，这些框架应用不同的方法把 URL 映射到某个类的方法调用，而不是映射到磁盘上的某个物理文件。这些映射到的类通常称作控制器，之所以这样称呼，是因为它们主要用来控制用户输入和系统组件之间的交互。用来响应用户请求的方法通常称作操作，它们代表了控制器为响应用户输入请求而处理的各种操作。

9.2　定义特性路由

每个 ASP.NET MVC 应用程序都需要路由定义自己处理请求的方式,路由是 MVC 应用程序的入口点。路由的定义是从 URL 模板开始的,因为它指定了与路由相匹配的模式,路由定义可以作为控制器类或操作方法的特性。路由可以指定它的 URL 及其默认值,此外,它还可以约束 URL 的各个部分,提供关于路由如何以及何时与传入的请求 URL 相匹配的严格控制。

创建一个 ASP.NET MVC Web 应用程序项目后,快速浏览一下 Global.asax.cs 文件中的代码,会注意到 Application_Start()方法中调用了一个名为 RouteConfig.RegisterRoutes 的方法。该方法是集中控制路由的地方,包含在 App_Start/RouteConfig.cs 文件中。因为我们从特性路由开始讲起,所以现在将删除 RegisterRoutes()方法中的所有内容,只通过调用 MapMvcAttributeRoutes 注册方法让 RegisterRoutes()方法启用特性路由。修改后的 RegisterRoutes()方法如下所示:

```
public static void RegisterRoutes(RouteCollection routes)
{
    routes.MapMvcAttributeRoutes();
}
```

现在就可以编写第一个路由了,路由的核心工作是将一个请求映射到一个操作,完成这项工作最简单的方法是在一个操作方法上直接使用一个特性。

```
public class HomeController:Controller
{
    [Route("about") ]
    public ActionResult About()
    {
        return View();
    }
}
```

每当收到 URL 为/about 的请求时,这个路由特性就会运行 About()方法,告诉 MVC 使用的 URL 将访问 Home 控制器中的 About()方法。

如果操作有多个 URL,就可以使用多个路由特性。例如,如果想让首页通过/home 和/home/index 这两个 URL 访问,则路由设置如下所示:

```
[Route("")]
[Route("home")]
[Route("home/index")]
public ActionResult Index()
{
    return View();
}
```

传入路由特性的字符串叫作路由模板,它就是一个模式匹配规则,决定了这个路由是否适用于传入的请求。如果匹配,MVC 就运行路由的操作方法。前面的路由使用静态值作为路由模板,如 about 和 home/index,所以,只有当 URL 路径具有完全相同的字符串时,路由才会与之匹配。这样的静态路由看上去很简单,但是它们实际上能够处理应用程序的许多场景。

9.2.1　路由值

最简单的路由非常适合使用刚才介绍的静态路由,但并不是每个 URL 都是静态的。例如,如果操作显示个人记录的详情,那么可能需要在 URL 中包含记录的 ID。通过添加路由参数可解决这个问题:

```
[Route("person/{id}") ]
public ActionResult Detail(int id)
{
    return View( );
}
```

通过使用花括号括住 id,就为以后想要通过名称引用的一些文本创建了一个占位符。确切地说,这么做捕获了一个路径段,也就是 URL 路径中由斜杠分隔的几个部分之一,但是不包含斜杠。

为了查看其用法,可以如下面这样定义一个路由:

```
[Route("{year}/{month}/{day}")]
public ActionResult Index(string year,string month,string day)
{
    return View(  );
}
```

在上面的方法中,特性路由会匹配任何分为三段的 URL,因为默认情况下,路由参数会匹配任何非空值。当这个路由匹配一个分为三段的 URL 时,该 URL 第一段中的文本对应{year}路由参数,第二段中的值对应{month}路由参数,第三段中的值对应{day}路由参数。

可以任意命名这些参数(支持字母、数字、字符),收到请求时,路由会解析请求 URL,并将路由参数值放到一个字典中(具体来说,就是可以通过 RequestContext 访问的 RouteValueDictionary),路由参数名称为键,根据位置对应的 URL 为值。

9.2.2　控制器路由

前面介绍了如何把路由特性直接添加到操作方法上。很多时候,控制器类中的方法遵循的模式具有相似的路由模板。考虑一个简单的 HomeController 控制器(如新建MVC 应用程序中的那样)的路由。

```
public class HomeController:Controller
```

```
{
    [Route("home/index")]
    public ActionResult Index()
    {
        return View();
    }
    [Route("home/about")]
    public ActionResult About()
    {
        return View();
    }
    [Route("home/contact")]
    public ActionResult Contact()
    {
        return View() ;
    }
}
```

可以看到,HomeController 下的所有 Action 除了 URL 的最后一段,这些路由前面都带有 home,这时可以在 Controller 上使用 RoutePrefix 设置路由前缀,为每个 Action 所匹配的 URL 加上共同的前缀 home。例如,如果认为/home/index 过于冗长,但是又想支持/home,就可以为 Home 控制器添加路由前缀。

```
[RoutePrefix("home")]
public class HomeController : Controller
{
    [Route("index")]
    public ActionResult Index()
    {
        return View();
    }
    [Route("about")]
    public ActionResult About()
    {
        return View();
    }
    [Route("contact")]
    public ActionResult Contact()
    {
        return View() ;
    }
}
```

也可以删除操作方法上的特性路由,直接将路由添加到控制器中。

```
[Route("home/{action}")]
public class HomeController:Controller
{
    public ActionResult Index( )
    {
        return View( );
    }
    public ActionResult About( )
    {
        return View( );
    }
    public ActionResult Contact()
    {
        return View( );
    }
}
```

删除了每个方法上方的所有路由特性,并使用控制器类的路由持性代替它们。在控制器类上定义路由时,可以使用一个叫作 action 的特殊路由参数,它可以作为任意操作名称的占位符。

action 参数的作用相当于在每个操作方法上单独添加路由,并静态输入操作名,就像操作方法一样,控制器类上也可以有多个路由特性。

9.2.3 路由约束

因为方法参数的名称正好位于路由特性及路由参数名称的下方,所以很容易忽视这两种参数的区别。但是,在调试时,理解路由参数与方法参数的区别十分重要。回忆一下前面使用记录 id 的例子:

```
[Route("person/{id}")]
public ActionResult Index(int id)
{
    return View( );
}
```

对于这个路由,考虑一下当收到对/person/bob 这个 URL 的请求时,会发生什么? id 的值是什么?

这是一个容易出错的问题:答案取决于这里指的是哪个 id,是路由参数,还是操作方法的参数。从前面看到,路由中的路由参数会匹配任何非空值。因此,在路由中,路由参数 id 的值是 bob,所以路由匹配成功。但是,当 MVC 尝试运行操作时,会看到操作方法将其 id()方法的参数声明为 int 类型,而路由参数中的值 bob 不能转换为一个 int 值,所以方法不能执行,因此访问不了方法参数 id 的值。那么,如果让方法同时支持"/person/bob"和"/person/2",并为每个 URL 运行不同的操作,应该怎么做? 可以尝试添加一个具有不同特性路由的方法重载,如下所示:

```
[Route("person/{id}")]
public ActionResult Index(int id)
{
    return View();
}
[Route("person/{name}")]
public ActionResult Index(string name)
{
    return View();
}
```

仔细查看路由会发现一个问题：一个路由使用 id，而另一个路由使用参数 name，看上去很明显，name 应该是一个字符串，id 应该是一个数字。但是，对于路由来说，它们都只是路由参数，路由参数默认会匹配任何字符串。所以，两个路由都会匹配"/person/bob"和"/person/2"。路由带有二义性，当这两个不同的路由都匹配时，没有什么好方法让正确的操作执行。

这里需要有一种方式来定义 person/{id} 约束，使得只有当 id 是一个 int 值时，该路由才会匹配。将 [Route("person/{id}")] 修改为 [Route("person/{id：int}")] 可解决此问题，没有简单地将路由参数定义为 {id}，而是将其定义为 {id：int}，像这样放到路由模板中的约束叫作内联约束。

值得注意的是，动作方法不允许有 out 或 ref 参数，这么做没有任何意义（即在动作方法中使用 out 或 ref 参数没有必要），而且如果 ASP.NET MVC 看到这种参数，会直接抛出一个异常。

9.3　定义传统路由

到目前为止，App_Start/RouteConfig.cs 中的 RegisterRoutes() 方法中只有一行代码，用于启用特性路由，RegisterRoutes 是集中配置路由的地方，传统路由也放在该方法中。

下面讨论传统路由，所以删除该方法中对特性路由的引用，清除 RegisterRoutes() 方法中的路由，然后添加一个非常简单的传统路由。添加后，RegisterRoutes() 方法的代码如下所示：

```
public static void RegisterRoutes(RouteCollection routes)
{
    routes.MapRoute("Default","{first}/{second}/{third}");
}
```

MapRoute() 方法最简单的形式是采用路由名称和路由模板。与特性路由一样，路由模板是一种模式匹配规则，用来决定该路由是否应该处理传入的请求（基于请求的 URL 决定）。特性路由与传统路由之间最大的区别在于如何将路由链接到操作方法，传统路由依赖于名称字符串，而不是特性来完成这种链接。

在操作方法上使用特性路由时,不需要任何参数,路由就可以工作。路由特性被直接放到操作方法上,当路由匹配时,MVC 知道去运行该操作方法。将特性路由放到控制器类上时,MVC 知道使用哪个类(因为该类上有路由特性),但是不知道运行哪个方法,所以我们使用特殊的 action 参数通过名称指明要运行的方法。

如果针对上面的简单路由请求一个 URL(如"/home/index"),会收到一个 500 错误,这是因为传统路由不会自动链接控制器或操作。要指定操作,需要使用 action 参数(就像在控制器类上使用路由特性时所做的那样)。要指定控制器,需要使用一个新参数 controller,如果不定义这些参数,MVC 不会知道我们想要运行的操作方法,所以会通过返回一个 500 错误提示,告诉我们存在这样的问题。

通过修改简单路由,使其包含这些必需参数,可以解决以上问题。

```
public static void RegisterRoutes(RouteCollection routes)
{
    routes.MapRoute("Default","{controller}/{action}");
}
```

现在请求一个 URL,如/home/index,MVC 会认为这是在请求一个名为 home 的 controller 和一个名为 index 的 action。根据约定,MVC 会把后缀 Controller 添加到{controller}路由参数的值上,并尝试定位具有该名称(不区分字母大小写)并实现了 System.Web.Mvc.IController 接口的类型。

9.3.1　路由值

除了 controller 和 action 映射到控制器和操作的名称,还可以为路由添加参数,修改路由让它包含一个参数:

```
routes.MapRoute("Default","{controller}/{action}/{p}");
```

除{controller}和{action}外,如果还有其他路由参数,则它们都可以作为参数传递到操作方法中。例如,修改 HomeController 的 Index()方法如下。

```
public ActionResult Index(string p)
{
    return Content (p);
}
```

那么,对"/home/Index/参数 p"的请求会导致 MVC 实例化 HomeController 类,并调用其中的 Index()方法,同时将"参数 p"传递给 Index()方法的参数 p。

前面的示例中用到路由 URL{controller}/{action}/{p},其中每个段都包含了一个路由参数,同时路由参数也占有对应的整个段。事实上,并不一定总是这样,路由 URL 在段中也允许包含字面值,这和特性路由一样。例如,如果把 MVC 集成到一个现有站点中,并且让所有 MVC 请求以 WebSite 开头,则可以参照下面的代码实现:

```
routes.MapRoute("simple","WebSite/{controller}/{action}/{p}");
```

上面的路由指出请求 URL 的第一个段只能以 WebSite 开头，才与请求相匹配，因此上面的路由可以成功匹配"/WebSite/home/Index/参数 p"，而不能匹配"/home/Index/参数 p"。

9.3.2　路由默认值

控制器参数的类型可以是值类型和引用类型，如果 MVC 框架找不到引用类型参数（如 string 或 object）的值，动作方法仍然会被调用，但对该参数会使用一个 null 值。若找不到值类型参数（如 int 或 double）的值，则会抛出一个异常，并且不会调用动作方法。如果希望处理不含动作方法参数值的请求，但又不想在代码中检查 null 值或抛出异常，可以用 C♯ 的可选参数特性代替。

对于上面加入参数 p 的传统路由来说，有些操作方法不需要任何参数时，如"/home/Index"，该方法将会请求失败。在使用特性路由时，通过在路由模板中将{id}参数内联修改为{id?}，可使其成为可选参数。

传统路由则采用了一种不同的方法，它没有把这些信息作为路由模板的一部分，而是放到路由模板后面的单独一个参数中。要在传统路由中让{id}成为可选参数，可以像下面这样定义路由：

```
routes.MapRoute("Default", "{controller}/{action}/{p}",
                new { p=UrlParameter.Optional});
```

MapRoute 的第三个参数为可选参数，{p＝UrlParameter.Optional}这段代码定义参数{p}为可选参数。与特性路由不同，这里可选值与默认值之间的关系很明显，可选参数就是具有特殊默认值 UrlParameter.Optional 的参数，传统路由定义中正是使用这种方法定义可选参数的。

现在，框架允许使用 URL 为/home/Index 调用 Index()操作方法，与特性路由中一样，还可以为多个参数提供默认值。下面的代码段中演示了为{controller}和{action}参数提供默认值。

```
routes.MapRoute("Default", "{controller}/{action}/{p}",
    new { p=UrlParameter.Optional,controller = "home", action = "index"});
```

本例通过 Route 类的 Defaults 路由，为 URL 中的{controller}和{action}参数提供了默认值。虽然{controller}/{action}的 URL 模式通常只要求匹配含有两个段的 URL，但是通过提供默认值，它就不再要求匹配的 URL 必须包含两个段，要匹配的 URL 也可能只包含{controller}参数，而省略了{action}参数，也可将这两段都省略。在这种情况下，{controller}和{action}的值是通过默认值提供的，而不是通过传入的 URL。这就是 MVC 提供的默认路由。

9.3.3　路由约束

相对于指定 URL 中段的数量来说，也可以通过路由约束参数，约束允许路径段使用正则表达式限制路由是否匹配请求。在特性路由中，使用类似于{id:int}的语法在路由模板中内联指定约束,这里传统路由仍然采用一种不同的方法。传统路由使用单独的一个参数,而不是内联包含约束信息。

下面在默认路由的上面再定义一个名为 Test 的传统路由。

```
routes.MapRoute("Test", "{year}",
            new {controller = "home", action = "about" }
            ,new { year = @"\d{4}" });
```

在上面的代码段中,路由包含一个路由参数{year},并且为该参数指定了约束字典中的相应约束 year ＝@"d{4}"。{year}段的约束是一个只能匹配包含 4 个数字的字符串的正则表达式,即\d{4}。默认的 controller 为 HomeController,action 指定到 About() 方法。

上面使用的正则表达式的格式与.NET Framework 的 Regex 类所使用的格式相同,事实上,在路由的底层使用的就是 Regex 类,如果一个路由的任何约束都不能匹配请求 URL,那么该路由就不能匹配传入的请求,此时路由机制会移向下一个路由继续匹配。

9.3.4　特性路由和传统路由的区别

不管是使用特性路由,还是使用传统路由,都可以请求系统,那究竟应该选择使用特性路由,还是传统路由呢? 下面为什么时候使用哪种路由提供了一些建议。

对于以下情况,考虑选择传统路由:

- 想集中配置所有路由。
- 使用自定义约束对象。
- 存在现有可工作的应用程序,而又不想修改应用程序。

对于以下情况,考虑选择特性路由:

- 想把路由与操作代码保存在一起。
- 创建新应用程序,或者对现有应用程序进行了大量修改。

传统路由的集中配置意味着可以在一个文件指示请求应该到达哪个 Controller 中的 Action,传统路由也比特性路由更灵活。例如,向传统路由添加自定义约束对象很容易,C♯ 中的特性只支持特定类型的参数,对于特性路由,这意味着只能在路由模板字符串中指定约束。

另一方面,特性路由很好地把关于控制器的所有内容放到了一起,包括控制器使用的 URL 和运行的操作。

9.4　项 目 实 践

9.4.1　任务一: 自定义路由

在图书销售系统中自定义传统路由,在地址栏中输入图书的 ISBN,能查询到该图书当前的销售量,该功能只授权给角色为管理员的 RB 账号。

在 BookController 中添加 GetSaleTotal 操作用于查询图书的销售总量。

```
[Authorize(Users="RB")]
public ActionResult GetSaleTotal(string isbn)
{
    var orderDetail = db.OrderDetails.Include("Books")
        .Where(s => s.Books.ISBN.Equals(isbn));
    int total = orderDetail.Sum(s => s.Number);
    return Content("《"+orderDetail.First().Books.BookName+"》当前销售量为:"+
total.ToString()+"册");
}
```

GetSaleTotal()方法带有一个参数,用来接收 isbn 数据,并使用 lambda 表达式从数据库中获取该图书相关的订单,使用 Sum()聚合函数获取总销售量。因为已经将 BooksController 授权给管理员角色,所以还需要在方法上使用 Authorize 注解将该方法授权给用户 RB。

打开/App_Start/RouteConfig.cs 文件,修改 RegisterRoutes()方法如下。

```
public static void RegisterRoutes(RouteCollection routes)
{
    routes.IgnoreRoute("{resource}.axd/{*pathInfo}");
    routes.MapRoute(
        name: "SaleTotal",
        url: "Get/{isbn}",
        defaults: new { controller = "Books", action = "GetSaleTotal" }
    );
    routes.MapRoute(
        name: "Default",
        url: "{controller}/{action}/{id}",
        defaults: new { controller = "Home", action = "Index", id =
UrlParameter.Optional }
    );
}
```

可以看到,在 RegisterRoutes 中创建了一个名为 SaleTotal 的传统路由,该路由由字面量 Get 和占位符{isbn}组成,默认方法为 BooksController 中的 GetSaleTotal()。

运行程序,使用 RB 账号登录系统,在浏览器中输入"/get/2019063000212",执行页面如图 9.1 所示。

图 9.1　使用自定义路由访问页面

9.4.2 任务二: 列表分页

在开发过程中经常做的一件事,也是最基本的事,就是从数据库中查询数据,然后在客户端显示出来。当数据少时,可以在一个页面内显示完成,然而,如果查询记录是几百条、上千条呢? 直接一个页面显示完全的话,数据传输量非常大,但这些数据并不一定都是用户需要的数据,这时就可以采用分页技术。

该任务使用 NuGet 中提供的 PagedList 类库完成。管理 NuGet 程序包下载分页控件如图 9.2 所示。

图 9.2 使用管理 NuGet 程序包下载分页控件

NuGet 会帮助我们自动添加相应的 dll 引用,修改 config 相应配置,它是非常方便的一个工具。

下面可以直接使用 PagedList 中的方法修改 BooksController 中的 Index()方法,代码如下。

```
public class BooksController : Controller
{
    private BookStoreModel db = new BookStoreModel();
    public ActionResult Index(int? page ,int? size)
    {
        ViewBag.BookType = new SelectList(db.BookTypes, "BookTypeID",
"BookTypeName", "");
        int pageNumber = page ?? 1;
        int totalNum = db.Books.Count();
        int pageSize = size??3;
        //通过 ToPagedList 扩展方法进行分页
        IQueryable<Books> books = GetPagedListBooks(pageNumber, pageSize);
        var pagedList = new StaticPagedList<Books>(books, pageNumber,
pageSize, totalNum);
        return View(pagedList);
    }
    private  IQueryable<Books> GetPagedListBooks(int pageNumber, int pageSize)
    {
        IQueryable<Books> books = db.Books.OrderBy(b => b.BookId)
            .Skip((pageNumber - 1) * pageSize).Take(pageSize);
```

```
        return books;
    }
}
```

首先，在 BooksController 中添加私有方法 GetPagedListBooks()用来获取指定页面的列表数据，然后修改 Index()方法，添加形参 page 用来指定要显示的是第几页，数据类型 int? 代表该参数可以为空，当为空时，显示第一页，并获取图书总数量和每页显示的数量，调用 GetPagedListBooks()方法获取要显示页面的图书列表来生成 PagedList 需要的 StaticPagedList 对象，并将分页数据传递到视图。

在/Views/Books 目录中的 Index 视图最底端加上 Html.PagedListPager 辅助方法显示分页控件。

```
@Html.PagedListPager((IPagedList)Model,page => Url.Action("Index",
new { page }))
```

运行程序，用户登录后访问/Books/Index 页面，如图 9.3 所示。

图 9.3　分页后的图书列表页面

可以看到，页面上只用简单的一行辅助方法就实现了列表的分页功能，根据数量动态显示页码，当单击其他页面时，列表页面会动态更新。

如果想在浏览器中查看每页显示 5 本图书的第二个页面，在浏览器地址栏中输入"/Books/index? page＝2&size＝5"即可方便地查询到指定页面指定数量的列表数据。通过地址栏调用分页功能如图 9.4 所示。

图 9.4　通过地址栏调用分页功能

9.5　同步训练

1. 创建 ShowStudentSum 路由，假设通过 http://localhost：8888/SumStu 访问时，自动切换到 http://localhost：8888/Student/GetStudentsSum 查看学生总人数。

2. 创建名为 GetStudentByID 的路由，假设通过 http://localhost：8888/GetStudent/S00010 访问时，自动切换到 http://localhost：8888/Student/GetStudentByID/S00010，学号约束为：一共 6 个字符，首字符是"S"，剩下 5 个字符为数字。

第 10 章

ASP.NET Web API

本章导读：

虽然本书一开始介绍了 One ASP.NET，但本书主要讨论的是网站开发的其中一种技术，也就是 ASP.NET MVC 5。现在要介绍微软在 One ASP.NET 里的另一方面，也就是服务（Service）。

首先需要了解"网站"与"服务"的差异，对网站而言，服务器端不管采用何种技术（Web Forms、MVC…），最终的目的都是生成呈现页面（HTML 与 CSS）及互动（JavaScript）所需的内容。但服务就不同，服务是开发人员提供的特定 Web API（Application Programming Interface），是应用程序之间衔接的约定。提供网页应用程序编程接口的功能就称 Web API。ASP.NET Web API 使 .NET 开发人员在开发 Web API 的 Web Service 时有一个新的选择。

本章要点：

由于 ASP.NET Web API 是一个完全独立的框架，内容比较多，因此本章只介绍 MVC 和 Web API 的异同，以及 Web API 的创建和简单使用，帮助我们决定是否在 MVC 项目中使用 Web API。

10.1 定义 ASP.NET Web API

Web API 特性是在 MVC 框架应用程序基础上添加一种特殊的控制器，使用其能够快速而方便地创建 Web 服务，以便为 HTTP 客户端提供 API，通常称之为 Web API。它建立在 MVC 框架应用程序的基础之上，但不是 MVC 框架的一部分，微软从 system.web.Mvc 命名空间提取了一些关键的类和特征，并将它们复制到 System.web.Http 命名空间。其思想是，Web API 是核心 ASP.NET 平台的一部分，因而可以将其用于其他类型的 Web 应用程序，或者作为独立的 Web 服务引擎。

这种控制器叫作 API 控制器（API Controller），它有两个明显的特征：

（1）动作方法返回的是模型对象，而不是 ActionResult 对象。

（2）动作方法是根据请求所使用的 HTTP() 方法选择的。

API 控制器的动作方法返回的模型对象被编码成 JSON，并发送给客户端，API 控制器的设计目的是提供 Web 的数据服务，因此，它们不支持视图、布局，也不支持用来在示例应用程序中生成 HTML 的其他任何特性。

MVC 控制器对比 Web API，一个 ASP.NET MVC 应用程序产生自多个控制器类的组合。通常,每个控制器类会公开多个操作以便用户界面可以通过 URL 调用,请求处理与响应生成之间的有序分离使得控制器类以各种格式返回响应成为可能,这些格式包括 HTML、JSON、XML 及普通文本。

Web API 框架依赖于一个不同的运行时环境,该环境完全是从 ASP.NET MVC 的运行时环境中分离出来的,这样做的目的是为了让非 ASP.NET MVC 应用程序可以使用 Web API。该运行时环境必然很大程度上受到 ASP.NET MVC 的启发,但总体看更加简单,并且更直截了当,因为它预期仅提供服务,而非标记。

从 ASP.NET 开发人员的视角看,以下 3 个要点总结了 Web API 方式相对于 ASP.NET MVC 的好处。

- 从结果序列化中解耦代码:指的是 Web API 控制器需要从每个方法中仅返回数据,而不在方法内部对结果进行序列化处理的情况。

- 内容协商:HTTP 规范将内容协商定义为"当有多个格式可用时为给定响应选择最佳格式的过程"。称为格式化器的组件是根据传入请求 Accept 表头的内容自动选择的,提供了内置的 XML 和 JSON 格式化器,替换它们是一项简单的配置任务。该特性简化了可能以各种格式返回相同原始数据的方法的开发,最典型的是 XML 和 JSON 格式。

- 在互联网信息服务(IIS)之外托管:从某种程度上讲,内容协商这一特性也能在普通的 ASP.NET MVC 中实现。但是,如果选择在 ASP.NET MVC 应用程序中实现 HTTP 服务,就要绑定到 IIS 作为 Web 服务器;换句话说,不能在其他地方托管 API,这是由于 ASP.NET MVC 原生就是绑定到 IIS 的,因为它最初旨在作为框架为 Web 应用程序提供服务。但是,Web API 并不依赖 IIS,并且可以在自己的托管进程中对其进行自托管,如 Windows 服务或控制台应用程序(这一特性使得 Web API 服务接近 WCF 服务)。

本质上讲,Web API 并没有真的为 ASP.NET MVC 开发带来太多潜力,所以也不要将其看作一个必要特性,例如,它在 Web Forms 开发中就并非必要特性。通常,它的使用依赖于特定项目的需求,并且一定程度上取决于开发团队的偏好。

10.2　编写 API 控制器

ASP.NET MVC 5 作为 Visual Studio 2013 的一部分发布,同时也作为 Visual Studio 2012 的附件内容发布。安装程序包含所有 ASP.NET Web API 的组件,新建 ASP.NET 项目向导允许用户向任何项目类型添加 Web API 特性,包括 Web Forms 和 MVC 应用程序。特殊项目类型 Web API 不只包含 Web API 二进制文件,还包括一个样本 API 控制器和一些能为 Web API 自动生成帮助页面的 MVC 代码。Visual Studio 中的文件菜单下的新建菜单项都包含了空 Web API 控制器的模板。

Web API 与 MVC 一同发布,二者都利用了控制器,然而,Web API 不共享 MVC 的模型—视图—控制器设计模式。它们都拥有将 HTTP 请求映射成控制器操作的概念,但 Web API 不是使用输出模板和视图引擎渲染结果的 MVC 模式,它直接把结果模型对象作为响应来渲染,Web API 和 MVC 的许多设计区别都源于二者框架核心的差异。

　　Web API 最大的特点是服务器仅提供数据结果,但不提供呈现的页面,即页面设计的任务全部在客户端完成。在 MVC 项目中,为了解决页面的呈现问题,可以利用 Web API 调用服务商提供的服务,再利用 MVC 的页面显示调用的结果,即服务层用 Web API 实现,显示层用 MVC 实现。

　　下面创建一个 Web API 项目。打开 Visual Studio,新建 ASP.NET 项目,创建新的项目时选择 Web API 项目,如图 10.1 所示。

图 10.1 选择 Web API 项目

　　单击"创建"按钮,弹出配置新项目页面,如图 10.2 所示。

　　填写项目名称、位置和解决方案名称后,单击"创建"按钮,系统将自动创建含有 Web API 的项目。创建好的解决方案如图 10.3 所示,Controllers 文件夹下有一个名为 ValuesController.cs 的类,该类继承自 ApiController。在 Views 文件夹下没有像 MVC 里的 Controller 那样为该控制器创建视图文件夹和对应的视图。

　　ASP.NET Web API 是一种简单轻松的、成熟的 HTTP 服务,它只返回数据,如 JSON、XML,或者其他在请求头中定义的数据格式,不返回视图(Views)。ValuesController 代码如下所示。

```
public class ValuesController : ApiController
{
    //GET api/values
    public IEnumerable<string> Get()
```

图 10.2　配置新项目

图 10.3　自动创建的 ValuesController.cs

```
{
    return new string[] { "value1", "value2" };
}
//GET api/values/5
public string Get(int id)
{
    return "value";
}
//POST api/values
```

```
public void Post([FromBody]string value)
{
}
//PUT api/values/5
public void Put(int id, [FromBody]string value)
{
}
//DELETE api/values/5
public void Delete(int id)
{
}
}
```

可以看到,控制器中的方法返回原始对象,而不是视图,也不是其他操作辅助对象。API 控制器返回的对象被转换成请求要求的最佳匹配格式。

还有一个差异主要源于 MVC 和 Web API 传统调度之间的差异,MVC 控制器总是根据名称调度操作,Web API 控制器默认根据 HTTP 动词调度操作,虽然可以使用动词重写特性,如"HttpGet"或"HttpPost",但大部分基于动词的操作可能遵照操作名称以动词名称开头的模式。示例控制器中的操作方法直接以动词命名,但也有操作方法以动词名称开头,也就是说,Get 动词既能访问 Get 操作,也能访问 GetValues 操作。

编译工程后运行,可以看到 Web API 控制器返回的是 XML 格式的数据,如图 10.4 所示。

图 10.4　Web API 返回数据

10.3　Web API 示例

10.3.1　创建 Web API

在前面创建的 Web API 项目中,新建模型 Product 到 Model 文件夹下,并加入 Id、Name、Category、Price 属性到 Product 类中,分别代表产品 ID、产品名称、产品种类和产品价格。

```
public class Product
{
```

```
public int Id { get; set; }
public string Name { get; set; }
public string Category { get; set; }
public decimal Price { get; set; }
}
```

在项目中添加名为 ProductsController 的 Web API 控制器,用来实现根据 ID 返回多个或一个产品的功能。

在解决方案中,右击 Controllers 目录,从弹出的快捷菜单中选择 Add→Controller→"WebAPI2 控制器-空",弹出如图 10.5 所示的页面。

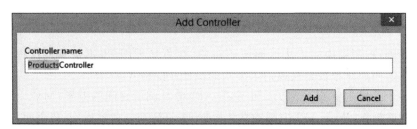

图 10.5　输入项目名

将控制器命名为 ProductsController,单击 Add 按钮生成控制器。接下来便会在 Controllers 目录下创建一个名为 ProductsController.cs 的文件,如图 10.6 所示。

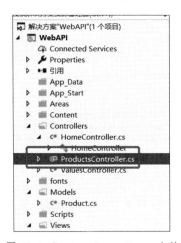

图 10.6　ProductsController.cs 文件

备注:事实上,不必非得把控制器加入 Controllers 目录下,这点和 MVC 中的一致。目录名称仅是为了更方便地组织源文件。

双击打开 ProductsController 文件,将其代码替换成下面的代码:

```
public class ProductsController : ApiController
{
    List<Product> products = new List<Product>()
    {
```

```
        new Product{ Id=1,Name="手机",Category="电子产品",Price=3050 },
        new Product{Id = 2,Name="笔记本电脑",Category="电子产品",Price=5500 },
        new Product{ Id=3,Name="餐桌",Category="家具",Price=2000 },
        new Product{Id=4,Name="沙发",Category="家具",Price=5000 },
        new Product{Id=5,Name="冰箱",Category="家用电器",Price=8000 }
    };
    public IEnumerable<Product> GetAllProducts()
    {
        return products;
    }
    public IHttpActionResult GetProduct(int id)
    {
        var product = products.FirstOrDefault((p) => p.Id == id);
        if (product == null)
        {
            return NotFound();
        }
        return Ok(product);
    }
}
```

为了让演示样例简单化，products 存储在控制器类的列表中。当然，在实际应用程序中，可能想查询数据库或使用其他外部数据源。

控制器定义了两个返回产品的方法：

（1）GetAllProducts() 方法将整个产品列表作为 IEnumerable 类型返回。

（2）GetProduct() 方法通过它的 ID 查找单个产品。

现在已经创建好一个能够使用的 Web API 了。控制器上的每个方法都有相应的一个或多个 URI，见表 10.1。

表 10.1　ProductsController.cs 文件

Controller Method	URI
GetAllProducts	/api/products
GetProduct	/api/products/id

当 Web API 框架接收到 HTTP 请求时，它会根据操作方法将其解析到控制器类上的调用。为确定要调用的操作，类似于经典 ASP.NET MVC，Web API 框架会使用一个路由表。默认项目模板中的 WebApiConfig 类包含了以下默认路由：

```
public static void Register(HttpConfiguration config)
{
        config.MapHttpAttributeRoutes();
        config.Routes.MapHttpRoute(
          name: "DefaultApi",
```

```
        routeTemplate: "api/{controller}/{id}",
        defaults: new { id = RouteParameter.Optional }
    );
}
```

由 Web API 识别的 URL 的默认格式包含了紧随服务器名称之后的 api 令牌,以及控制器名称,跟 ASP.NET MVC 路由相比,会注意到在 Web API 路由中丢失的一个元素:操作名称。这就是 Web API 与 ASP.NET MVC 之间的另一个明显不同。默认情况下,Web API 框架会使用 HTTP()方法选择操作,而非 URL,这就是让整个框架 RESTful 化方面的内容。

根据默认路由,这两个方法在名称方面都通过了测试。然而,由于默认路由,方法可以具有一个可选的名称为 id 的尾随参数。GetAllProducts()方法没有参数,因而代表着一个良好匹配,对于 GetProduct()方法,URI 中的 id 是一个占位符。例如,为了得到一个 ID 为 3 的产品,URI 是"api/products/3"。

10.3.2 调用 Web API

调用 Web API 的方法有很多,在本节中,将加入一个使用 Ajax 调用 Web API 的 HTML 页面,使用 jQuery 产生 Ajax 调用并用返回结果更新页面。

在 Web API 项目的解决方案资源管理器中右击项目,从弹出的快捷菜单中选择"添加",如图 10.7 所示,然后选择"新建项"。

图 10.7　新建项菜单

在添加新项目对话框中,选择 Visual C♯ 下的 Web 节点,然后选择"HTML 页"选项,如图 10.8 所示,命名页面为 index.html。

图 10.8　选择"HTML 页"

用下面的代码替换 index.html 文件里的全部内容:

```html
<!DOCTYPE html>
<html xmlns="http://www.w3.org/1999/xhtml">
<head>
    <title>产品管理</title>
</head>
<body>
    <div>
        <h2>所有产品</h2>
        <ul id="products" />
    </div>
    <div>
        <h2>产品查询</h2>
        <input type="text" placeholder="产品 ID" id="prodId" size="5" />
        <input type="button" value="查询" onclick="find();" />
        <p id="product" />
    </div>

    <script src="../Scripts/jquery-3.5.1.min.js"></script>
```

```
<script>
var uri = 'api/products';

  $(document).ready(function () {
//发送一个 Ajax 请求
    $.getJSON(uri)
  .done(function (data) {
    //请求成功，data 中包含产品列表
    $.each(data, function (key, item) {
      //为产品添加列表项
      $('<li>', { text: formatItem(item) }).appendTo($('#products'));
    });
  });
});

function formatItem(item) {
  return item.Name + ': ￥' + item.Price;
}

function find() {
  var id = $('#prodId').val();
  $.getJSON(uri + '/' + id)
    .done(function (data) {
      $('#product').text(formatItem(data));
    })
    .fail(function (jqXHR, textStatus, err) {
      $('#product').text('Error: ' + err);
    });
}
</script>
</body>
</html>
```

　　有好几个方法可以得到 jQuery，在本例中，需要使用管理 NuGet 程序包下载 jQuery 和 Microsoft.jQuery.Unobtrusive.Ajax 程序包。

　　为了得到 Products 列表，可以发送一个 HTTP 的 GET 请求到"/api/products"，jQuery 的 getJSON() 函数会发送 Ajax 请求，其中包括 JSON 对象数组。done() 函数指定了一个当请求成功时触发的回调，在回调中，用产品信息更新 DOM。

　　假设想通过 ID 取得产品，可以发送 HTTP 的 GET 请求到"/api/products/id"，其中 id 就是产品的 ID。按 F5 键开始调试应用程序，Web 页面看起来会是图 10.9 这样。

　　为了通过 ID 获得产品，输入 ID 并单击"查询"按钮，结果如图 10.10 所示。

　　假设输入了一个无效的 ID，Server 就会返回 HTTP 错误提示信息，如图 10.11 所示，将会返回 Bad Request 错误提示信息。

图 10.9　测 试 页 面

图 10.10　单击"查询"按钮的结果

图 10.11　输入无效 ID 后返回的内容

可以使用 F12 开发人员工具查看 HTTP 请求和响应,单击网络选项卡,并单击开始分析会话,返回到 Web 页面,按 F5 键再次载入 Web 页面,IE 将会捕捉到浏览器和 Web Server 之间的 HTTP 传输。图 10.12 显示了一个页面的全部 HTTP 传输。

图 10.12　页面会话分析

定位到相对 URL 地址"api/products/",在内容类型中,这里多个面板用于查看请求和响应的 header 和 body。可以看到,客户端请求标头请求了"application/json",响应标头也被序列化成 JSON,其他浏览器也有类似的功能。

10.4　项目实践

Web 部署工具完全集成于 Visual Studio 中,使用起来直截了当。Web 部署工具功能的进入点位于解决方案资源管理器中的 ASP.NET 项目,右击,在弹出的快捷菜单中选择"发布"选项,如图 10.13 所示。

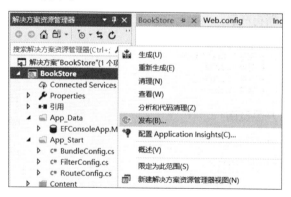

图 10.13　选择"发布"选项

　　项目第一次进入 Web 部署页面,选择"发布"选项卡,会看到右侧"要将应用部署到 Azure、IIS、文件夹或另一台主机,请创建发布配置文件。"的下方有一个"启动"按钮,如图 10.14 所示。

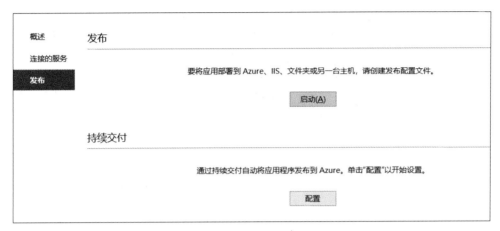

图 10.14　发布页面

单击"启动"按钮,进入选择在哪里发布内容页面,如图 10.15 所示。

图 10.15　选择在哪里发布内容页面

　　选择"文件夹"将网站发布到指定文件夹中,单击"下一步"按钮进入提供本地或网络文件夹的路径,如图 10.16 所示。

　　可以选择本地文件夹或者网络文件夹,需要注意的是,文件夹路径中不允许出现中文。选择好路径后进入文件夹内容发布页面,如图 10.17 所示。

图 10.16　选择文件夹页面

图 10.17　文件夹内容发布页面

　　单击"发布"按钮会将应用程序发布到对应的文件夹中,该文件夹就可以复制到要部署的服务器中发布网站了。

　　在服务器中进入控制面板下的管理工具,打开 Internet Information Services(IIS)管理器,在网站节点上右击,从弹出的快捷菜单中选择"添加网站"(图 10.18),弹出"添加网站"页面,如图 10.19 所示。

　　在"网站名称"处输入 BookStore,"物理路径"选择 Visual Studio 项目发布后生成的文件夹所在位置,单击"确定"按钮添加网站,添加完网站的目

图 10.18　"添加网站"菜单

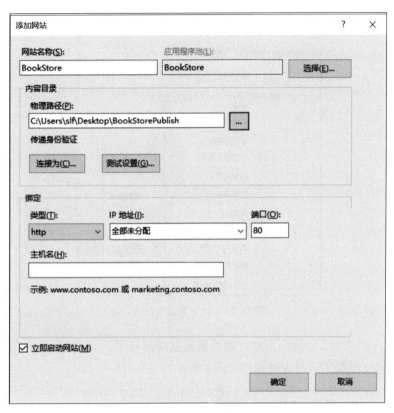

图 10.19 "添加网站"页面

录如图 10.20 所示。

图 10.20 添加完网站的目录

在 BookStore 上右击,在弹出的快捷菜单中单击"管理网站"→"浏览"菜单就可以访问该应用程序了。浏览菜单的位置如图 10.21 所示。

本项目采用的数据库是 SQL Server LocalDB,它是 SQL Server 的一个超级精简版本,只有几十兆字节,所以只有非常有限的功能,例如不支持联网,只能本机连接,但发布时可以很容易地移植到 SQL Server 数据库,直接将数据库文件附加到 SQL Server,并修改项目中的 Web.Config 连接字符串即可。如果继续使用 LocalDB,在浏览时会提示"HTTP 错误 500.19"错误,解决办法是修改对应应用程序池高级设置中的标识属性,将

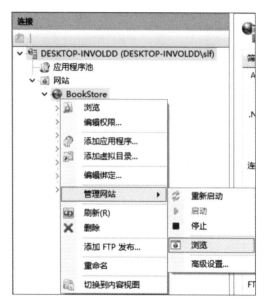

图 10.21   浏览菜单的位置

其设置为 LocalSystem,重启应用程序池后再浏览应用程序。

发布后的应用程序访问页面如图 10.22 所示。

图 10.22   发布后的应用程序访问页面

10.5　同步训练

1. 打开 StudentManager 项目 Controller 目录下的 ValuesController 文件,在该文件中完成对 Student 模型的增删改查接口。

2. 在 Visual Studio 中发布 StudentManager 项目到指定文件夹,并在 IIS 中发布该项目。

参 考 文 献

［1］ demo,小朱,陈传兴,等.ASP.NET MVC 5 网站开发之美［M］.北京：清华大学出版社,2015.

［2］ Jon Galloway,Brad Wilson,Scott K. ASP.NET MVC 5 高级编程(第 5 版)［M］.孙远帅,译.北京：清华大学出版社,2015.

［3］ 埃斯波西托.ASP.NET MVC5 编程实战［M］.3 版.北京：清华大学出版社,2015.

［4］ Adam Freeman. 精通 ASP.NET MVC 5［M］.张成彬,徐燕萍,李萍,等译.北京：人民邮电出版社,2016.

［5］ 蒋金楠.ASP.NET MVC 5 框架揭秘［M］.北京：电子工业出版社,2014.

［6］ 马骏. ASP.NET MVC 程序设计教程［M］.3 版.北京：人民邮电出版社,2015.

图书资源支持

感谢您一直以来对清华版图书的支持和爱护。为了配合本书的使用,本书提供配套的资源,有需求的读者请扫描下方的"书圈"微信公众号二维码,在图书专区下载,也可以拨打电话或发送电子邮件咨询。

如果您在使用本书的过程中遇到了什么问题,或者有相关图书出版计划,也请您发邮件告诉我们,以便我们更好地为您服务。

我们的联系方式:

地　　址:北京市海淀区双清路学研大厦 A 座 714

邮　　编:100084

电　　话:010-83470236　010-83470237

客服邮箱:2301891038@qq.com

QQ:2301891038(请写明您的单位和姓名)

资源下载:关注公众号"书圈"下载配套资源。

资源下载、样书申请

书圈

获取最新书目

观看课程直播